Miniature Pet
我家有隻麝香豬
養豬完全攻略
李怡慧◎著

真誠無私的愛

你（妳）分一點點愛給我，我就用一輩子的青春陪你（妳）。

長久以來，在獸醫師執業的生涯裡，我都用同樣的這句話勉勵、鼓勵所有寵物主人。好好的善待自己的寵物，你（妳）將擁有真誠無私的愛，終其一生！

讀怡慧的大作，著實令人感到驚訝！以一個畜牧獸醫科系畢業的專業人員，要寫一篇養豬的心得報告都已經很難了，更何況是出一本書！可想而知怡慧的用心。相信怡慧所憑藉的是對Pinkie的愛，日以繼夜的閱讀了大量的資料，去蕪存菁，從豬豬的飼養、營養、訓練、管理、醫療、保健甚而延伸至動物行為心理學上的模擬。以最簡單的文字敘述，讓讀者可以輕而易舉的從怡慧的書中學到正確養豬的觀念與方法。

期許，藉由怡慧的《我家有隻麝香豬》，讓大家能對豬豬有更深入的了解，進而成為快樂的豬爸爸豬媽媽。

聯合動物醫院院長 **黃明祥**

愛不是愛，除非你付出了它

「什麼你家裡養了一隻豬？」哇！真是酷啊！

每當有畜主帶家裡的寵物豬來就診時，我總是禁不住的驚奇與讚賞，他們才是真正愛家人，因為有「豕」才有家。

飼養寵物是流行趨勢，家裡的寵物不僅豐富了我們的精神生活，也排遣了我們的寂寞，撫慰了我們的愛與被愛的需求。但是，養狗、養貓不稀奇，家裡養了一隻豬才是一大考驗。幸而，本書作者怡慧，從各種角度（行為、習性、飲食、起居……）等巨細靡遺，包羅萬象，一步一腳印的真實記載下來，誠心誠意的提供給大家，作為飼養寵物豬的指導方針；讓日後有心飼養的人有簡便完整的資料可以參考，既跳脫了教科書的枯燥乏味，內容又豐富有趣，真是一本實用的養豬百科手冊。

能為本書撰文令我既興奮又感到榮幸，最後我想以一首我個人最愛的詩獻給各位愛家、愛寵物的人，願我們的愛能讓家裡的寵物幸福、健康，發揮我們的愛心，明天會更好。

鐘不是鐘，直到你搖了它；

歌不是歌，直到你唱了它；

而你心中的愛，並不是要放在心裡的；

愛不是愛，除非你付出了它。

誠宏動物醫院獸醫師　黃秀蓁

Miniature Pet Pig

目錄

CONTENTS

豬媽自序

我從來沒有用中文寫過正式的文章，也沒有養過寵物，更沒有近距離的好好看過豬。但是在2004年三月的某一天，我選擇養一隻寵物迷你豬。

開始養了才發現問題很多，怎麼餵、怎麼訓練、怎麼注意健康狀況、會長多大、到繁殖年齡時生理上會有哪些變化……越養需要的答案越多。一般書店裡多是以貓狗的書為主，根本找不到任何養寵物豬的資訊，我只好上網找。台灣地區的網站都以聊天室或討論區為主，沒有任何有關飼養的網站。而且，說是「日本麝香豬」，可是上日文網站也搜尋不到任何資料。除了一直打電話問賣豬給我的飛仔哥以外，覺得自己好無力。於是上英文網站搜尋，這下資料可多了。

從豬豬出生到老年的行為、習性、飲食、起居、健康、清潔、飼養問題包羅萬象，連寵物豬專用的飼料、保健食品、清潔美容用品都應有盡有，於是上網買了第一本飼養寵物豬的手冊。收到書後第一個下午就K完了，我立刻按照書上的指示改變我教育豬豬的方法，發現非常有效。畢竟豬牽到北京還是豬，美國人養的雖然跟台灣養的寵物豬品種不同，但豬的天性還是大同小異。在跟著書上的指示幾天內就把小豬大小便的地方定位，飲食起居定時，豬豬變得很容易教，很少犯錯，也比較聽話。

同時我開始上台灣Yahoo奇摩幾個養寵物豬的家族，從其他養豬豬同好們的討論區裡也學到了很多餵食及教養方面的問題。慢慢發現我也開始有資訊可以提供其他剛養小豬的朋友，於是自己也建立了一個家族，希望把我知道的都整理出來，讓新手們不用像我一開始一樣，像個無頭蒼蠅邊養邊猜，手忙腳亂的。

養寵物豬真的是很奇特的經驗，每一隻豬豬的個性不同，所以一開始養可能會有挫折感，會想放棄。一般人對豬都有很多錯誤的觀念，我每一次到網上看到有人要轉讓小豬或棄養，都覺得很難過。因為不了解他的需要，才會認為自己不能跟豬豬一起生活，而造成必須棄養的遺憾。畢竟養寵物就是要去愛他，保護他。多了解這個奇特的小動物，讓我們認識他的天性，訓練他融入我們的生活，他就會成為一個很好的動物伙伴。

我算是個新手，養豬豬到現在不到一年，我只是希望把飼養小豬的一些基本知識與大家分享，讓飼養小豬變得容易一點。讓新手不會像我一開始一樣，每當小豬有一點狀況就手足無措，也給老手們手邊有一個參考資料。我也在家族裡徵求了不同豬豬的資料和照片，一起收錄到書裡。

在這裡我要非常的謝謝家族裡的豬媽豬爸們提供的小故事及豬豬的生活照。

謝謝飛仔哥提供寵物豬品種及飼養的資料。

謝謝大都會文化出版社的編輯林子尹小姐，另一個寵物迷，給我非常多的指導和鼓勵。

感謝黃明祥黃院長，及黃秀蓁醫師抽空為本書撰序。

更要感謝我的父母及好友們，幾個月來忍受我成天出口不離「豬」。

Miniature Pet Pig

Chapter 1 關於豬

中國人是第一個豢養豬隻的民族。至少在6000年前，老祖宗們就開始豢養豬隻當食物。今天看到的家豬或肉豬都是由野生的山豬馴化而來的。

養豬不同於養其他的動物如牛、羊一般，牛羊多是以放牧的方式飼養，適合游牧民族的生活方式。但一旦養了豬，因為豬的腿短、體型笨重，不適合長途的跋涉，一定要安定的定居在一個地方才會開始養豬。在農業時代，幾乎挨家挨戶都有養豬。光看「家」這個字，就是一個屋頂下有一隻豬，可見得當時養豬是多麼的普遍。

還有，養豬的經濟效益很高。豬的繁殖能力強、速度快，全身上下從提供我們吃的、用的，沒有一處會浪費。幼齡的豬即有繁殖能力，世代很短，更因為豬是所有哺乳類動物裡生理系統最接近人類的，常被用來當醫學及藥物的實驗對象，甚至從豬的身上發展及提煉出藥物，和可用的細胞及臟腑供人類使用。

Miniature Pet Pig

Chapter 2

何謂迷你豬？

多小的豬叫迷你豬？

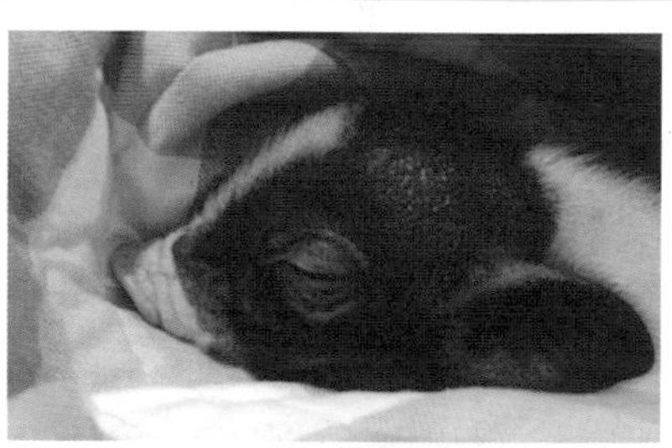

根據一般養豬場的說法，成豬的體重低於100公斤的都叫「迷你」。如果養「迷你豬」以爲是養一隻跟小型狗差不多大的豬，那你就要失望了。「迷你豬」這個稱呼是指跟大豬公、肉豬或祭祀用的神豬比較起來算是「迷你」的豬。目前當成寵物養的迷你豬，最小的也只介於小型狗與中型狗之間，如果有山豬的血統可能會更大。在飼養以前一定要有這個認知，不要養了幾個月，發現小豬變成大豬，沒辦法再當寵物，而將他棄養是很不人道的。小豬很有感情，也認人的。目前收養棄養豬的地方很少，如果丟棄在郊外會被野狗獵食，另外有可能會收的就是山產店……

一般來說豬到三歲以前都還在成長，所以要留意餵食的習慣及飲食的內容。山豬的

成長速度比一般的肉豬慢一點，同樣三個月的小豬，山豬會看起來比較小，所以想養山豬當寵物的人最好先有這樣的心理準備，長大後的山豬最少都有80～90公分的身長。改良過的豬種已經比一般的豬隻小，但在三歲以前都不能掉以輕心。一歲半後成長的速度會放慢很多；三歲後雖然不會長大，但會容易發胖，體型仍有變大的可能，還是要依照豬豬的活動量及年齡來調整飲食。在台灣小型的豬隻繁殖一直都在進行中，所以寵物豬的品種也會跟著改進。

販售寵物豬者都會一口咬定賣的是迷你豬，而且不會長太大

接觸販賣小豬的寵物店，或一些「自由業」的商人可能會告訴你：小豬三、五個月就定型了；只要飲食控制就不會大了；最多40～50公分，跟小狗差不多……

實際上你唯一可以確定的是他現在賣給你的baby豬是很「迷你」的，但在不知道小豬血統（父母）的狀況下，是沒辦法確定長大後的尺寸。保守的來說，最小的迷你豬身長會長到60公分左右，體重10公斤上下（要看飼主餵食的習慣）。來路及血統不明的就很有可能長得很大。其實把小豬當寵物養的話，養的肥肥胖胖的反而是不健康的。我們一般的觀念是「豬」就是要肥！但一

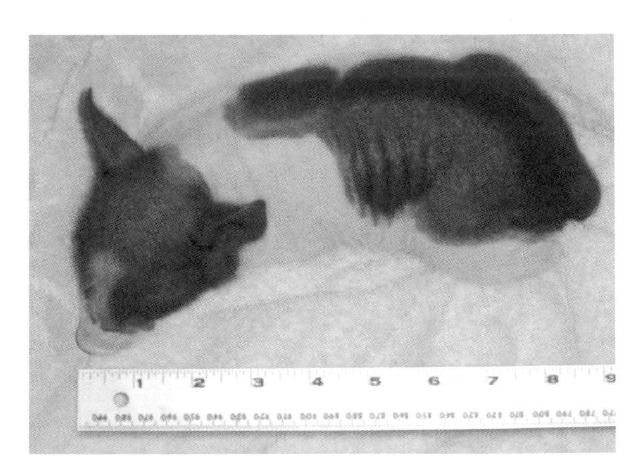

般的肉豬不用長壽，只要夠大，大約在7～8個月齡時就會被宰殺了。飼養小豬前要多問問、多看看，比較比較，找到有口碑的商家比較重要。

傳統飼養家豬的方法是不適合我們養寵物豬的。豬一般說來可以有十到十五年的壽命，跟狗差不多。所以當成寵物，要把他養的健康，不一定要肥得圓滾滾的，體重太重反而會引起心臟血管疾病，關節也會因爲體重太重而負荷不了。所以要特別注重寵物豬的飲食和營養，不要因爲他是什麼都吃的雜食性動物就隨便餵食。

豬豬百態

Pinkie

品種：麝香豬
性別：女生
生日：2004年2月14日
家長：豬媽李怡慧
喜好：吃飯、吃點心、頂人、被按摩肚肚、睡覺
暱稱：豬豬、豬寶寶、小胖子

我們家裡原本的共識是要養一隻小型狗。在跟朋友們詢問時，其中一位告訴我們他在友人家看過一種

叫「麝香豬」的迷你寵物豬，很漂亮，很可愛，很黏主人。那家人養了兩年多，似乎很容易養，吃的簡單，也不會有臭味。他跟我說可以先上網查查看，我一上網就找到幾個網址，有一位「深白色」的個人網站有幾段影片，這是給我印象最深刻的。「深白色」的豬豬叫GOGO（要用鼻音發出類似豬叫聲），個子小小的，在家裡的客廳裡發出ㄎㄧ　ㄎㄜ、ㄎㄧ　ㄎㄜ的腳步聲，好奇的頂著豬鼻子……真的好可愛。但我因為連真的豬都沒有近距離的看過，更不用說要如何養豬了，所以繼續在網上搜尋，才找到專業養豬人飛仔哥的網站。他說他正好要帶小豬給客戶看，可以多帶一隻出來，不然就要等到下一次有滿月的豬豬才能給我看。於是在三月中旬的某一天我跟飛仔哥約了下午到我家，當飛仔哥停好車，從後座的紙箱裡抱出用毛巾裹著一隻小小的豬豬，我的眼睛亮起來了，看到了小小又靈活的豬鼻子，「真的是一隻豬！」跟飛仔哥問了一堆的問題，他也不厭其煩的跟我介紹如何養豬。飛仔哥跟小豬相處了幾天，也教會了小豬用碗自己吃飯，看得出小豬在飛仔哥家裡時跟飛仔哥很親，所以一直都黏在他的身邊。邊聊我就邊愛上了這隻小豬，當天我們就把豬豬留下來，開始了養豬生涯。

Miniature Pet Pig

Chapter 3 迷你豬的種類

山豬類

山豬、迷彩豬、黑白豬、黃金豬、小耳豬

這幾種都是台灣地區的山豬及改良品種的山豬。體型比較小，原本繁殖出來提供醫學及生物研究用的。黃金豬跟迷彩豬其實是同一個品種，只是黃金豬是迷彩的變白種去繁殖的。有一些早期的品種會在脫毛後變回迷彩豬的顏色，鼻子和腳蹄也會變黑，但目前的黃金豬基因比較穩定了，會

●迷彩豬

小耳豬

保持同樣的外表。山豬的幼豬有迷彩的保護色，也是會在脫毛後變成深咖啡或近黑色的。小耳豬是蘭嶼豬跟其他品種配養出來的。這些豬基本上都有山豬的特質，活動力比較強，有獠牙，被挑釁的話會有攻擊性。成長的速度比較慢，但成豬的體型會比迷你型的肉豬大。

黑白豬

肉豬類

●麝香豬、巴黎小香豬

這些基本上都是肉豬繁殖出來的。麝香豬的體型漂亮，個性溫柔、內向，是目前最受歡迎的寵物豬。麝香豬的特徵是背部微凹，肚子圓而且下垂，頭尾都是黑的，背上有每一隻都不同的黑色圓弧斑塊，黑白交接處有黑底白毛的暈帶，腹部及四肢都是肉色的皮膚長白毛。有一些兩眼間也有一條或一點白毛，天氣熱時豬豬肉色的地方

黃金豬

●麝香豬

會呈粉紅色。因為體型小，所需要的活動空間不必太大，可以在都市裡的公寓住宅裡飼養。但因為是外來的品種，價錢比本地寵物豬高出很多。只有純種的才會保持一定的大小。有一些不肖的商人會用低價位的肉豬去繁殖販售，賣給一些不知情又貪小便宜的飼主，這種假冒豬是會長到不可收拾的地步。肉豬就是普通豬，會大到上百公斤的。

麝香豬據說是日本的品種，所以坊間都稱純種的為「日本麝香豬」。在台灣，麝香豬目前常見的成豬身長多在50～70公分（身長是由頭部兩耳中間開始量，到尾巴的起點。），重量也都在10公斤左右（如果有控制飲食的話）。麝香豬因為體型小，母豬發情期比較晚，一胎多半沒有普通豬隻那麼多，平均在3～8隻左右。光看幼豬一般很難判定是否為純正的麝香豬，所以找到一個可靠、口碑好的販售者是很重要的。

最近市面上出現一個新的品種叫巴黎小香豬（又稱熊貓豬、巴馬小香豬）。號稱比麝香豬的體型還小，頭尾都是黑或深棕色，其他的部位是白色，身上有不規則的黑色斑

●麝香豬

●麝香豬

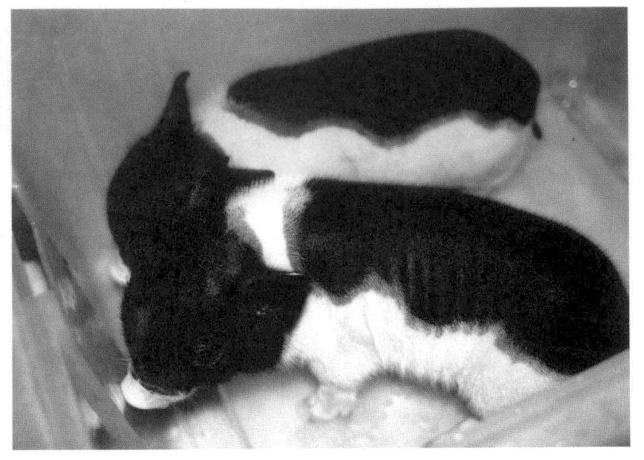

●巴黎小香豬

塊。目前還不普遍，一部分的原因是品種太新了，基因還不穩定，對成熟後的尺寸、行爲、健康等問題，專業繁殖場多半無法拿捏；養的人少，資料也不齊全。目前市面上比較少見，一些專業人士暫時還不建議當寵物飼養。

國外的寵物豬……Potbellied pigs

這是二十多年前，由加拿大人從東南亞買了數十隻越南和中國的豬種回去提供給當地的動物園，並進口了18隻到美國。因爲肚子圓滾滾的，所以取了一個俗名叫「Potbellied Pigs」，「圓鍋肚」豬。這種豬很快的被繁殖並當爲寵物飼養。最小的體型不大，約80～90公分長，20～30公斤左右，當然也有長得很巨大的。多半的人一旦養過就會上癮，有一些因興趣而成了繁殖及訓練的專家，也有許多人訓練自己的寵物豬成明星，在電影、電視裡演出和拍廣告。

Pinkie 媽有話說

剛開始養豬是一頭霧水，只好上網找。中文網站幾乎都沒有資料，只有幾個聊天形式的討論區和家族，我只好上國外的網站找資料，才看到有關Potbellied Pigs。反正豬到哪兒都是豬，天性一定差不多，就邊看了國外的資料，也加入幾個討論的家族，學習養豬。大家都很幫忙，我告知台灣沒有寵物豬的飼料，他們就給我一些餵豬豬的建議。但最有幫助的還是我媽，她想起小時候常看到人家煮地瓜葉和米糠餵豬。再多讀一點資料發現，其實中國人應該最會養豬才對。反正家裡都會買青菜來吃，就把切下來或比較老的部分洗乾淨給豬豬吃。又跟網路同好們學到了不少，覺得收集資料也滿有用的，就「好康到相報」，和大家分享。於是自己也開了一個網路家族「麝香豬的養豬人家」，跟大家討論養豬的方法。當自己分享出去的東西能幫到他人，感覺真的很棒，也才會有出書的念頭，因為不是每一個想養豬的人都會上網去找資料。希望本書能讓養豬變得比較容易，不用再邊養邊猜。我在找資料的過程中發現台灣專業養豬的技術是全世界數一數二的，希望藉此拋磚引玉，讓更專業的寵物豬飼養方法問世。

豬豬百態

Go Go

品種：麝香豬

性別：女生

生歿：2003年2月14日～2004年7月5日

家長：豬爸深白色、豬媽DY

Go Go剛來的時候真的很小隻，身長只有27cm，一隻手就可以輕易抱起。嘴巴短短的、毛乾淨又整齊，看起來就像一隻小乳牛（網路有影片供觀賞http://www.aryschien.com/pets/gg/index.htm）。

聽老闆說剛開始可以餵他吃麥片，所以這就是Go Go最初幾個月的食物。後來醫生說這樣不行，營養會不夠，所以DY的媽媽就把每天做菜剩下的菜葉、地瓜等煮一點稀飯糊給他吃（但是要注意不能放鹽，會容易掉毛）。

Go Go是我們養過最特別的寵物。原因之一是他的膽子真的很小，總是怯生生地找一個安全的地方去發自己的呆。只要一把他抱起來，四隻腳之中有一隻離開地面，Go Go就會沒命地尖叫；然而腳一落地又立刻安靜下來。

最剛開始的三個月，我們定期帶他去台大的獸醫院檢查，也有去興隆路上一位很隨興的獸醫師（他老大總是豪邁地嚼著檳榔）診所去打預防針。這位醫師很不錯，後來Go Go得皮膚病的時候大都是去他那裡看的。Go Go真的很聰明，起碼比狗聰明。帶他去打針的時候，只要把他抱上手術台他就知道了，沒命地想要往下跳；打完針之後，嘴裡委屈地「Go！Go！」嘟囔著，小碎步走出診所，往我們停車的方向走去（他每次都記得車是停在哪裡）。然而豬畢竟還是豬，要打針的時候不停尖叫，只要亮出餅乾，他就會邊含著眼淚邊「Go！Go！」地吃著餅乾、乖乖挨針。

我們常常在週末帶他去大安森林公園散步。當然，身為好國民，我們除了隨身帶著他要吃的零食和水之外，也帶了幾個裝大便用的塑膠袋和一盒面紙。Go Go對其他的狗完全沒興趣，然而其他的狗卻總是對他非常有興趣。最可怕的一次是一個主人拉不住他的大哈士奇，這隻大狗追得Go Go一路尖叫，還把口水流在他背上，簡直把他當成一道美味的下午茶了。如果不是主人就在旁邊，我發誓我會踹死那隻大狗。

小豬每天大便的時間是很固定的，大概都在飯後。有空的時候帶出去散散步，走著走著就大了，而且似乎是定點，當然，還是要記得帶塑膠袋裝回來啊！大便的確是蠻臭的，畢竟是雜食性動物。因此，把他養在通風的地方是必要的，如果你並沒有時間帶他出去上廁所的話。

「迷你豬」的「迷你」是針對緊接在後的這個「豬」字而言。Go Go長到成豬的時候已經有六十公分長、三十公分高了，相當於一隻中型犬的大小，如果你的豬超過一公尺，那你應該是被賣家騙了。

買豬來養之前真的要想清楚，即便我們永遠愛Go Go，因為她是我們的家人。迷你豬最可愛的時候其實真的是小時候，長得越大，嘴巴就越長，毛也開始雜了起來，皮膚的皺紋變多，皮也鬆鬆的（因為沒有豬用SK2），眼神也不會像小時候那麼無辜清澈（大概打五折）。差異最大的是體型跟體重。以前握在手裡疼的小豬，長大之後要盤坐才有足夠的空間把他整隻抱住。如果不能接受這個事實，請不要為了一時的心動買來養。

Miniature Pet Pig

Chapter 4 對豬的迷思

大部分的人對豬的印象是懶惰、好吃、骯髒、遲鈍、肥胖、愚笨。用「豬」這個字罵人也就等於罵人笨、肥、醜、臭、亂、髒、懶、色等。但除了眞的很愛吃以外，其餘的形容詞都不該冠在豬身上，因爲那是被人類豢養的豬隻，在別無其他選擇下被迫形成的。人類爲了取得豬爲食物，只管在最短的時間裡養肥，沒有顧慮到他本性的居住需求，而帶給我們的錯誤印象。

豬很笨？錯！

哺乳類動物裡，豬的智商僅次於人類、靈長類（猿猴）、鯨魚及海豚。可是排行前五名的，高過其他任何當寵物的動物。

豬有解決問題的思考能力。很多養寵物豬的朋友可以告訴你，他家的豬會自己開籠子門，或者會趁主人不注意時開冰箱找東西吃，克服障礙爬到床上跟主人睡，還有聽說會自己開水龍頭喝水的等等。

豬的學習能力很強。只要在他的肢體能力範圍裡，豬豬可以學會聽指令、做動作，也可以學會我們對他們在行爲上的期待。給他機會，小豬會自己學會把戲來取悅主人而討賞的。但一不留意，小豬可是會反過來訓練你，要你服從他喔！

豬有長期的記憶。許多事情只要讓他體驗一次就會記得，而且會用過去所經歷過的事物來解決眼前的問題，所以要好好的養他就不要讓他對你有任何負面的經驗。

豬很髒？錯！

以前沒有接觸的時候對豬有錯覺，覺得豬很髒。其實豬是很愛乾淨的，是飼養的人造成豬骯髒的名聲。把豬關在有限的空間，使得他只能在吃飯和睡覺的地方大小便。給他選擇，豬是不喜歡在離吃飯和睡覺近的地方上廁所的，而且也不喜歡使用太髒亂的廁所。所以訓練豬豬在一定的地方大小便就是要保持乾淨。常常把豬豬的便便清掉，並給豬豬一些鼓勵，小豬可以很快的適應在家裡的大小便規矩。

另外，豬會在骯髒的泥水裡或在泥巴裡，甚至在大小便堆裡滾，弄得全身又臭又髒。其實豬這麼做是在氣候炎熱時爲了散熱才這樣的。生活在戶外的豬，會用泥巴裹住身體，一方面讓涼涼的泥巴把身體裡的熱氣隨著水分蒸發而散去，另一方面可以防止被蚊蟲叮咬及防止寄生蟲滋生。所以養寵物豬的朋友，在酷熱的夏天裡讓豬豬有機會玩玩水，可是讓他保持涼快的好方法。只要我們把豬豬的環境保持乾淨，豬豬也會很開心的維持自己乾淨的窩。

豬很懶？錯！

再說一次，豬懶不是他們的問題，是人類造成的。當人們養豬是爲了在最短的時間裡可以利用豬經濟上的價值時，就不需要讓他工作，只要他吃飽飽的，在短時間裡把他養肥。而豬一吃得很飽，就跟人一樣會想睡覺，所以吃飽睡、睡飽吃，就成了豬的工作。然後幾個月後，就有豬肉吃、有豬鬃做的刷子用、有糞便能製有機肥料……像種菜一樣，一夠肥、夠大就宰了。

但像野生的山豬就一點也不能懶。每天不停的覓食才能生存，才有充沛的體力保護自己的地盤及防止自己被獵殺。放牧的豬隻也是不停的用鼻拱草、拱泥土，找東西吃。所以豬的天性是一點都不好吃懶做的。在家裡讓小豬自由行動，就會發現豬豬很愛玩、很好奇，也會常常低著頭在地板上找東西吃。

所以下一次有人用「豬」這個字眼罵你時，你就不用太難過了！

Miniature Pet Pig

Chapter 5 養豬必讀

你適合養寵物豬嗎？

開始養任何寵物都該先冷靜的想想。

問問自己：

我有錢、有閒、有空間嗎？

我的家人、鄰居、房東、室友會有意見嗎？

我知道如何餵他、訓練他、幫他保持清潔與健康嗎？

我知道他的特性、本能行爲及習慣嗎？

養寵物可不像是買個可愛的玩具或是裝飾品。千萬不可以高興的時候跟她玩一玩，也不可以偷懶不出去遛他。豬豬不像貓狗長久以來被繁殖出來當寵物。豬豬的本性可是需要天天出去呼吸新鮮空氣，讓豬豬有機會走走路、曬曬太陽、挖挖泥土、吃吃草。

小豬離開了媽媽，來跟人類家庭一起生活，我們就有責任教育他是非對錯，豬豬才可以在家裡與我們和平相處。

今天你不是花了幾千到一兩萬元帶一隻小豬回家就算了……你要想到：

家裡有足夠的空間給小豬準備一個他自己的窩嗎？這個空間夠他住到他長大嗎？這個空間好不好清理、通不通風？幼豬有沒有保溫用品？

有沒有足夠的地方給豬豬設一個專用的「廁所」？豬豬可是非常討厭在吃飯和睡覺的地方便便的，你會天天把他便便的地方清掃乾淨嗎？你有時間跟豬豬玩，教育他，訓練一些基本的居家規則，像固定的大小便地點嗎？

豬是群居的動物，智慧相當於一個三到五歲的小孩，會認主人，也很黏人，所以只要家裡有人，他就會想找人玩耍，不然也會跟在你的腳邊，看看你會不會給他東西吃。這跟許多種的貓狗可以長時間獨處是很不一樣的。豬豬非常不喜歡被長時間的關在一個小的空間與他的人類家人隔離，所以如果你因為工作或讀書，一天有一半的時間都不在家，你就不適合養小豬了。你沒空跟小豬互動是一回事，你一定也沒時間給豬豬適當的教育訓練，所以這個高智商的傢伙一定會在他的活動空間裡沒事找事做，而且一定是以搞破壞來找能吃的東西！你受得了嗎？

小豬的壽命跟一般的狗差不多，最長有10～15年的壽命，所以飼養豬不是一個短時間的嗜好。你的家人或室友會配合嗎？願意接納他，一同照顧，一同當他的主人嗎？他們也會配合你的訓練計畫嗎？正餐之外不會亂餵食不健康的零食嗎？會不會介意給豬豬清大便、擦尿尿、洗澡？你出差、出國他們願意替你照顧嗎？（目前台灣是沒有專門提供寵物豬的寵物寄宿旅館！）大家都知道該給豬豬吃哪些東西嗎？一天要吃多少東西、喝多少水？幾點要帶豬豬出去走走？豬豬也會聽他們的話、服從他們嗎？

小豬生病時你看得出來嗎？你可以很快的找到有經驗的寵物醫師嗎？你知道小豬需要打哪些預防針嗎？去哪裡打？給豬豬吃或擦的藥物是寵物豬專用的，還是食用豬用的藥？

上面這些也是養任何寵物前都該好好思考的事。最後，這些答案你都有了，而提到的幾乎都需要花錢，你有這些預算花在豬豬身上嗎？

都想好了，也決定養一隻小豬了，那就請看下一段。

豬豬百態

珍妮佛

品種：麝香豬
性別：女生
生日：2003年12月
家長：豬媽林小沁

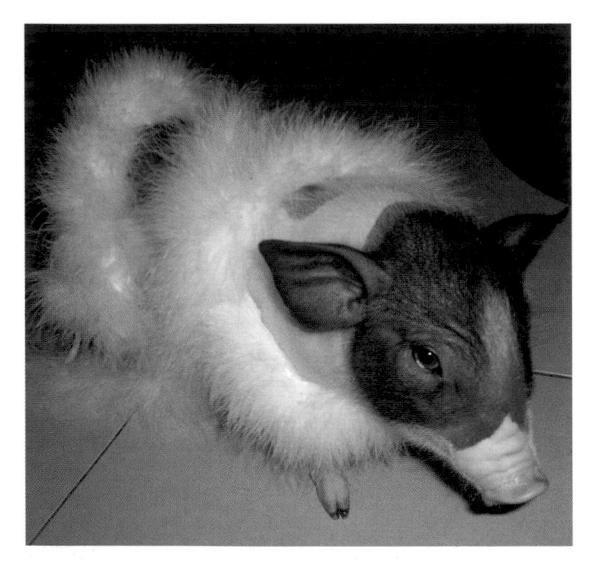

2月的某一天，哥哥在網路上跟人買了珍妮佛，從此我就開始愛上了豬豬。

珍妮佛很可愛，很愛撒嬌，很黏人，還很膽小。我老爸常常躲起來嚇他，然後他就會整隻豬跳起來狂奔。

他也很大小姐脾氣，現在越來越壞了，還會咬人，凶巴巴的。

但是，我還是很愛他很疼他！

Miniature Pet Pig

Chapter 6 養豬新手須知

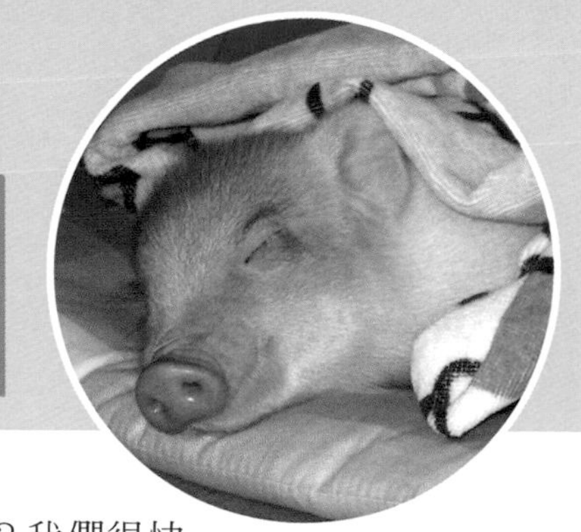

你決定養小豬了嗎？還是剛開始養，手忙腳亂的兼一頭霧水？我們很快的看一下豬豬的基本的資料，先了解一下：

1. 正常心跳：每分鐘60～80下。
2. 正常體溫：攝氏38～40度。低於37度或高於41度都要注意。幼豬大約要兩個月大後才會開始自己保持恆溫，所以要替豬baby保溫，失溫的豬豬很容易生病或夭折。小豬怕熱也怕冷。如果是冬天開始養豬就一定要注意保溫，有必要就加一盞燈或熱墊。夏天也要注意豬豬會不會太熱，豬豬只能從鼻頭散熱，所以大熱天長時間在戶外活動的豬豬最好要有小水池可以玩水散熱。白天如果養在室內也要注意通風。
3. 飲食：豬是雜食性的動物，也就是說他什麼都吃。但當寵物的豬要以大量青菜、高纖維食物、穀類為主食，減少糖類、肉類、高脂肪的食物才不會過胖。貓狗食不適合長期食用，因為貓狗食的配方不適合豬的體質。對於豬的食量，國外的建議都以寵物豬專用的「豬食」為主，但因台灣目前還沒有寵物豬的專用飼料，國內養豬場所用的豬飼料是為了讓豬在最短的食間長大長胖，給提供食用的豬肉吃的，飼料的配方也不適合寵物豬食用。我們在後面的篇章裡會進一步討論該怎麼餵豬，讓他能吃得快樂，吃得健康。除了正餐，給豬豬當訓練時候用的獎品也要是低脂肪、低熱量的健康食品。千萬不可以給豬豬「免費」的食物，正餐以外的任何零食，他都得用「賺的」，不可以有白吃的點心！

4.食物禁忌：絕對不可以給豬吃含高脂肪（肉類）的食物，豬不大能代謝脂肪和太高的蛋白質。含鹽（洋芋片）、含糖（糖果、糕餅）、巧克力、酒類也都不可以，有些豬的體質對巧克力過敏，鹽攝取過多也可能發生中毒的現象。奶製品（牛奶、乳酪）也要酌量。還有一些對豬豬有危險性的東西，例如：藥物、口香糖、香菸、牙籤及任何有香味會引起豬豬好奇的室內芳香劑、蟑螂誘餌等，一些常常出現在我們日常生活中又容易亂擺的東西一定要注意收好，別讓小豬吃下去了。還有，較小的物品、玩具、橡皮筋、尖銳的刀片、針、電線等都要收好，避免豬豬咬壞或帶給豬豬危險。

5.飲水：小豬需要喝水，要時常讓豬豬有乾淨的水喝。夏天更要注意豬豬有沒有足夠的飲用水。攝取的水分不足會引起便祕及代謝不良的問題。如果食物裡的鹽分比較高，也要多喝一點水代謝掉。許多豬豬喜歡把喝水的碗給掀翻，所以要用重一點的或可以固定的給水器。也有一些豬豬不喜歡喝沒味道的水，可以加一點點果汁調味，他就會喝了。夏天住在戶外的豬豬也需要有地方玩水，以便散熱。如果天氣熱或是常外出的豬豬，都要給他多喝一點水。如果沒有每天大便，或尿尿很少、很臭，也要考慮水有沒有喝夠。

6.大小便：會因飲食而異。幼豬一天小便的次數會比較多，長大一點，內臟發育完全後，小便的次數就會減少。大便是一粒粒的糞便結成條狀，微微潮溼，不硬，每天會排。如果水分或纖維質攝取不夠就會便祕。豬豬若需要很用力的排便，或排出硬硬的小丸子，也屬於便祕的現象。這時需要調整食物、水分的攝取或增加運動量。只要幫豬豬保持每天的作息都一樣，那大小便的時間和次數會比較好控制，通常豬豬會在吃完飯十幾分鐘到一小時內會需要上廁所的。

7.清潔：豬豬很愛乾淨。只要給他一個乾淨的環境，他就會養成習慣。豬豬不喜歡在吃飯，睡覺太近的地方排便（大小便）所以每天遛遛豬，帶他出去走走，他會等到出門才大便喔。家裡如果替他放便盆也要保持乾淨，他嫌髒會找新的地方。大小便的訓練和狗的方法類似，而且豬豬學起來比狗還快。豬豬不必太常洗澡，除非常常外出弄髒了，否則豬豬是不容易臭，也不會髒的。給豬豬洗澡也很容易，不必花大筆的錢上寵物美容院。豬豬的窩也要常常清理，如果有小被子，也要常常換洗。如果窩太潮溼或不乾淨，豬豬很容易犯皮膚病。

8. 健康：豬豬只要長大一點免疫系統就不錯，最常聽到的是皮膚病。只要保持豬豬的環境乾燥、乾淨，營養均衡，豬豬一般都滿健康的。現在台灣看寵物豬的獸醫不多，要先問清楚，因為豬不適合用貓狗用的藥物，豬反而比較適合用人的藥品。預防針也還沒有實際的規範，因為寵物豬和肉豬的生活形態和環境不同，所以只養一兩隻豬的人不大需要打一般豬隻的預防針，可以到各縣市的衛生防疫單位問清楚。每年一兩次去讓獸醫看看，驗驗糞便有沒有蟲，清清耳朵，有需要的話修剪一下長歪的蹄爪，這樣大概就夠了。豬豬的生理結構跟人類的很像，所以當豬豬生病了，你可以參考用人類的方法DIY試試看，如果要用藥物就要小心給藥的份量，當然最好還是帶去給醫生看。

9. 拱人：一開始養豬就會發現小豬很愛用鼻子頂人，而且力氣很大。豬的本性是用鼻子拱土找食物。小豬則是在找媽媽的ㄋㄟㄋㄟ，據說小豬們會互相拱對方練習找ㄋㄟㄋㄟ，或互相按摩肚肚。最好從小就別讓他習慣拱人，不然你每天都會「黑青」的。但為了不拒絕他的本性發展，可以用小枕頭或舊衣服給小豬頂。還有，小豬很喜歡自己鋪床，所以你可以把他的小被子折的好好的看他怎麼玩，多給一些大大小小的布、舊衣服或毛巾，他睡前會忙很久的。記得，在拱拱的豬豬是快樂的豬豬！一開始可以試著在小毛巾裡或被子裡藏一點食物，讓豬豬去頂出來，豬豬很快就會找到樂趣的。大一點的小豬，你也可以利用他喜歡用鼻子頂東西的本事，訓練他學一些推東西的把戲。

10. 流口水：這大概是養豬豬的人覺得比較難搞的事。豬豬聞到好吃的東西而很興奮的時候，嘴裡會冒出起泡的口水。別擔心，那絕對不是狂犬病。很興奮時會多到滴下來，有時吃東西後，嘴角也會有一些白白的泡沫。吃東西也經常非常的急、非常的快，只要有食物一定是吃到完了才會停，若給他自己選可是會一直吃到撐死的，完全沒有節制，所以在飲食上一定要定時、定量，才不會養出一隻大肥豬。這是養豬前要有的另一個心理準備。

11.訓練：小豬有很多教養的方式，可以訓練他做一些特別的動作，很類似訓練狗狗，在國外就有很多明星豬會表演各式各樣的特技。而且還要讓豬豬有機會學習禮節，和認你為他的「老大」，並持續的服從你的指令。訓練豬豬時用食物當正面獎勵，比不乖時用打罵的還要迅速有效。

12.搖尾巴：豬豬幾乎隨時都在搖尾巴，這也是正常的，很類似狗狗搖尾巴。而豬豬在緊張、害怕或受到威脅時，搖尾巴的速度會比較慢。如果仔細觀察，會發現有些豬豬想要排便時，前尾巴會停止搖動，而且會往一邊翹起來，這是訓練豬豬大小便時可以多多留意的地方。

Pinkie 媽有話說

想要養豬了嗎？那你還要有幾個心理準備，這可是養寵物豬人家的心酸啊！每當有人知道你養了一隻豬，就會問你「什麼時候可以烤來吃？」不然會提供你各式各樣的「豬料理」食譜，最離譜的還有問你七月普渡是不是要提供小豬去大拜拜？當然最難忍受的還是每天當你牽小豬出外去便便，都會有路人指著你說「是豬耶！」……真的很＠＃＄％＆……

豬豬百態

小ㄆㄆ

品種：黃金豬
性別：女生
生日：2003年11月
家長：豬媽張祐慈、豬爸陳立恆

（摘錄自Yahoo奇摩家族「豬BaBy成長日誌」）寵物店這天吸引了很多人的目光，來了兩隻新寶寶，黃金迷你豬，一公一母，在狹小的籠子裡依偎著。小公豬背部成完整的一片金黃，直條花紋淡淡分布其中；乖巧小母豬則是頭部和屁屁泛著金黃色，其他部位是白白澎澎的毛。我和男朋友到達時已經是晚上了。老闆說：「是特地幫你挑一隻長相可愛又聰明的小豬噢！」她說小公豬是別人預定的，我便蹲到籠子前去細看小母豬（呵呵～你這隻小豬豬就要跟我回家嚕）他一雙黑眼睛不時左右張望，還有嗅來嗅去的粉嫩鼻子，超級可愛的！我還注意到店裡還有另一隻麝香豬，大約三個月大，當店員抱他出來的時候，豬尖叫聲讓我瞬間耳朵嗡嗡作響。問了一堆如何飼養之類的問題後，店員把小母豬抱出來，我又一陣耳鳴。他看來有點緊張。本以為把他放進寵物籃就應該可以安撫，錯了！不到10秒鐘，寵物籃扣環的地方忽然擠出豬鼻子。大家還沒反應過來的下一刻，小豬已經重獲自由的在那搖尾巴。我還以為我看到了飛天少女豬勒，怎麼力氣這麼大！寵物籃沒用，一時之間也想不到其他方法，這期間的空檔，小母豬就在店內晃蕩。我們這些人類正在傷腦筋，小母豬已經悄悄靠近籠子，小公豬還在裡面啊。兩隻小豬嗅嗅嗅，好像有點依依不捨。小母豬開始頂籠子，這時我開始見識到豬的智商。牠不是亂頂，是找籠子的扣環處來頂（寵物店的籠子很普通，就是一般組合式的鐵籠）。牠頂開兩個扣環之後，再推開籠蓋，然後小公豬也搖著小尾巴跑出來了……我下巴差點掉下來！在此也等於是預見往後的「豬仔掙脫術」是多麼神乎其技，例如處罰他的時候關他籠子，大鐵籠大鎖還外面捆繩子，他都有辦法噢……令人冒汗！

Miniature Pet Pig

Chapter 7 養豬十戒

豬豬要對豬媽豬爸說的話：

1.在領養我前請你記得，我可能有10～15年甚至更長的壽命，跟你分離會讓我無比的痛苦。

2.請讓我有時間去明白及學習你對我的要求和期待是什麼。

3.請你信任我，這對我的身心發展很重要。

4.請不要生我的氣太久，也不要長時間把我鎖在籠子裡。你有你的工作、娛樂和朋友，而我只有你。

5.常跟我說說話。雖然我不一定聽得懂你說的每一字，但我聽得懂你的聲音。

6.請注意，無論你對我好或對我兇，我永遠都不會忘記。

7.請不要打我。我雖然不能打回去，可是我有能力咬你抓你，但我不願意這麼做。

8.在你罵我不聽話、固執、懶惰前，先觀察我是不是有不舒服或不愉快的地方？可能我的食物有問題，或是我生病了不舒服，也有可能我曬太陽曬太久了，還是我的心臟老了，身體虛弱了。

9.當我老了請你照顧我。你，有一天也會老的。

10.當我走到生命中最艱苦的最後路程時，請不要說「我不忍心看」，或「等我不在場了再讓它發生」……任何發生在我身上的事只要有你在我身旁，一切都會比較好過。別忘了，我的愛是無條件的。

Miniature Pet Pig

Chapter 8 豬豬的居住環境

帶小豬回家前的準備

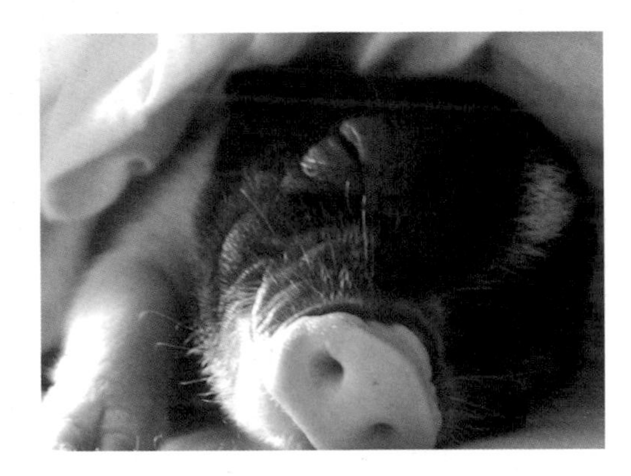

窩窩

在家裡選一個適合給小豬寶寶當窩的地點，把他的窩窩放在一個安靜，而你又可以控制他的行動範圍的地方，例如浴室、臥房、廚房等。小豬剛離開媽媽和兄弟姊妹們（同胎的伙伴們），孤單的來到一個新的地方，一定很害怕，一個小一點的空間會讓他比較有安全感。先讓豬豬適應一下，再讓他接觸家裡的其他成員。第一次接觸那麼多陌生的「大人」們，豬豬一定會害怕，會叫，會掙扎，所以要很快的讓他有安全感，他就會在最短的時間裡適應新家的生活。

豬豬睡覺的地方不宜對著門窗，不要讓風從窗口、門縫或走道吹進來。幼豬很怕冷，豬baby通常是靠豬媽媽的體溫取暖的，喜歡溫度接近豬媽媽的體溫，有必要時爲他加盞暖燈，或者用毛巾包一個暖暖包或小電毯讓他保暖。在他的床鋪給他一床小被子、小枕頭或舊浴巾等，讓他有被子蓋或玩耍，有些小豬會自己把自己裹在被子裡睡覺。對這個年齡的豬豬最舒適的溫度大約在攝氏35度，所以這也可能是豬豬會很黏人的原因之一，喜歡靠在人體身邊取暖。有一些人會讓豬豬跟自己一起睡，但不是長久之計。豬豬會認爲你只是他的同類，可能會有服從上的問題。一般長大了的豬豬在攝氏18～25度的環境是最舒適的。

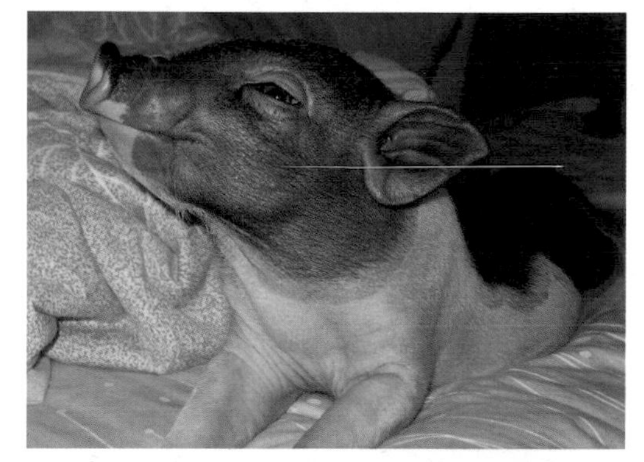

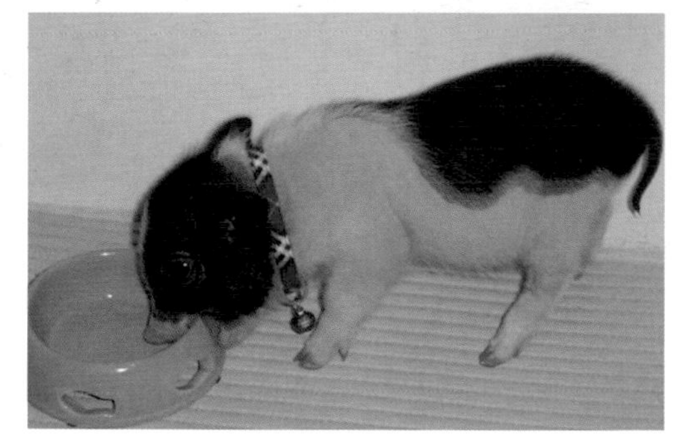

如果是用一個籠子給豬豬當窩，也要注意籠子的地面不是鐵絲的，因爲豬豬的小腳蹄很難站在上面，鐵絲縫太大，豬豬的腳可能會卡住讓他受驚嚇（有的小豬會因爲過分驚嚇而猝死的）。籠子的地面要加一層防滑墊，讓豬豬容易站立。最適合給豬豬當窩用的籠子是貓狗用的運輸籠。這種籠子很堅固，不透光，但很透氣，有必要時可以上鎖，及方便帶豬豬外出搭車時用。當然別忘了要在籠子的附近替豬豬設一個專用「廁所」（訓練大小便的地方）。

Pinkie 媽有話說

Pinkie到家那天，我想用一個塑膠箱子給她當窩……那是我異想天開！沒兩下子豬豬就跳出來了。後來找了一個很大的紙箱子，揉了一堆的舊報紙放在裡面給她當臨時的窩（因為那時什麼都還不懂），裡面一髒豬豬就不肯睡，然後鬼叫鬼叫的。放出來時只要我一坐在地板上，她就爬到我的大腿上趴著（後來才知道是要取暖）。他每天都很黏人，一關起來就撕聲尖叫。我天天都得趴在地上從沙發椅的底下把他拖出來，因為她會躲在裡面尿尿。後來給她買了一個籠子，鋪了一些舊的毛巾和放了一兩個毛茸茸的填充娃娃給她當窩窩。那時是冬天，所以晚上會用舊襪子把暖暖包裹起來，放在她的窩窩裡，讓她暖和一點。本來怕吵到家人，所以把窩窩擺在我的房間。但豬豬會找不到地方尿尿，而且很愛叫，我每天都弄得睡眠不足，只好忍下心移到廁所裡。但發現他反而好教養了，沒幾天就在廁所裡固定的地方便便（只要我隨時清理乾淨）。晚上自己會從籠子裡出去尿尿，再回去睡。

Pinkie 媽再說▼

Pinkie冬天睡覺時會把自己裹在被被裡。太冷時我就加一個暖暖包，就是藥粧店在賣的那種，揉一揉就會熱熱的，可以維持幾乎一整天。有一天我把他窩窩裡的被被拿出來洗，包括包暖暖包的襪子（我怕暖暖包被他挖出來咬著玩，用襪子包比較難挖），換上乾淨的被被，就把Pinkie關進去睡。到了半夜我才想起忘了把暖暖包裹好，我只是隨便的丟在裡面，於是趕快去看看小豬會不會燙傷了（烤熟了）。一看，才知道豬豬很聰明！Pinkie拉了一塊小毛巾蓋在上面隔熱，再把自己裹在被被裡，睡在暖暖包上！這是我第一次見識到豬的聰明。

豬豬戶外的窩

小豬不適合住在戶外。但當豬豬長大了，如果家裡有院子或大一點的陽台，豬豬可能會比較喜歡住在戶外。夏天在戶外時要有遮陽的地方，及乾淨的飲用水。太熱時給他一個可以玩水散熱的小池子。冬天要有禦寒的設備，低於10度時可用小電毯或保溫燈幫豬豬保暖，或夜裡讓豬豬回室內睡覺。

吃飯工具

幫豬豬準備好一個摔不破的，用來吃飯及喝水的碗。

幼豬通常才剛斷奶，所以在購買小豬時先問清楚豬豬在吃哪種飼料，最好能同時買，不然給這個年紀的豬豬亂吃，會引起消化系統的不適應而腹瀉。幼豬因腹瀉而夭折的機率是很高的。

在豬豬二到三個月前盡量先不要亂餵。讓豬豬嘗試新的食物也要少少的，每次一種，才能確定他的適應力。有一些豬豬忽然離開媽媽而且同時斷奶，這個時候開始養的豬豬可能會不願意吃任何東西，因爲他沒有聽到媽媽叫他吃ㄋㄟㄋㄟ的叫聲，所以最好要確定豬豬會自己從盤子裡吃東西了才可以抱回家。

Pinkie 媽有話說

Pinkie到家的那一天傍晚，我就找了一個烤布丁用的磁碗給豬豬吃飯用。我依照指示，加溫開水，把飼料調成稀稀的液體。豬豬就開始發狂、大叫、口冒白泡泡，碗都還來不及放到地上，豬豬就頭腳一起栽到碗裡去。邊喝邊嗆，但都不停，直到吃得精光。那一兩天餵他真的弄得人仰馬翻的。慢慢豬豬適應用碗吃飯，只要用「聲東擊西」法，就可以把碗安穩的放下來。他吃飯的速度實在太快了，而且吃完後有的時候還會把碗給掀了，或者是咬著摔。Pinkie現在用的是不鏽鋼碗，因為已經給他摔破兩個碗了。

小豬到家後的調整

注意活動安全

家裡的地面太滑時，豬豬會站不穩，容易摔跤，或害怕行走，所以最好在他的活動空間內鋪一點可以防滑的地毯或墊子。

親近豬豬的方法

跟小豬進一步接觸時，試著坐在地板上餵他，手裡拿著一點吃的東西，讓他主動靠近你。

正確的抱豬豬

小豬豬一兩個月大時，內臟都還在發育中。抱他時要慢慢的，抓著他時也要輕一點。小豬被抱起來經常會大叫，所以他太緊張的話就不要勉強，慢慢來。而且開始時你應該坐在地上，不要離地面太遠。抱小豬時不要壓迫到他的肚子，把兩隻手臂環起來，一個手肘托到頸部，另一個手肘托住屁股，有一點像抱嬰兒，讓小豬的身體與地面保持平行，是讓小豬比較舒服的姿勢。

減少環境刺激

小豬的嗅覺是最好的，再來是聽覺，然後才是視覺。一開始會對大的聲音及突然的亮光有反應，會驚嚇或好奇。所以剛到家時，盡量避免製造會驚嚇到小豬的環境。

固定的作息

讓豬豬習慣有固定的作息（固定吃飯、睡覺、玩耍時間），是讓小豬有安全感最好的方法。

豬 豬 百 態

布丁

品種：麝香豬
性別：女生
生日：2004年8月23日
家長：謝佳儒

布丁兩個月大時就會霸佔床了，誰都不准上來，連豬媽我也一樣，他會趕我下床，等我下床後就換他舒服地睡了。

怕冷的布丁，只要我一開暖爐，他就馬上占住離暖爐最近的位置，然後……馬上睡著。他的睡功真是一流啊！

Miniature Pet Pig

Chapter 9 豬豬的基本訓練

豬豬到家後，首先要讓他熟悉家人。先由一個人接觸及負責餵食，讓豬豬有安全感。然後固定吃飯的時間，限制活動的空間，同時開始大小便的訓練，讓豬豬學會在一個固定的地方上廁所。同時也要把握時機教導豬豬不亂叫，學會回到自己的籠子裡。當豬豬適應新家的生活，就可以開始擴大豬豬的生活範圍，也可以開始訓練豬豬習慣戴背帶才方便帶出門。豬豬的膽子非常小，對任何陌生的事物都會害怕。多帶豬豬出去體驗不同的人、事、物可以訓練豬豬的膽量，越多的社會經驗對豬豬的身心發展都有幫助。

訓練大小便

豬很愛乾淨，不喜歡在吃飯和睡覺的地方上廁所，所以找一個離睡覺的地方遠一點的角落給他當廁所。豬豬自己通常會選擇暗一點的、人家看不到的地方躲起來大小便。

小豬通常是睡覺醒來、吃飽飯後、很興奮的玩耍後會尿尿。養在室內的豬想尿尿時會心不在焉、不聽話、東張西望的找大人看不到的地方，或比較暗的角落，或在桌椅下尿。當你發現豬豬可能想上廁所，就趕快把他趕到便盆那裡去。或者把時間拿捏好，豬豬吃飽飯後就關起來，等他尿完再放他出來玩。當豬豬在對的地方便便，可以給豬豬一點獎勵，一開始可以用一點食物當獎品，但慢慢要改成只用口頭讚美。

豬豬一天大便一次，當然會依飲食的量、水分吸收和運動量而有不同，只要不是拉肚子或便祕，就讓他順其自然。

小豬在屋內亂大小便時，要馬上把他趕回他大小便的地方，把他的大小便清乾淨，並去味。平時要保持訓練大小便的地方乾淨，不然小豬嫌太髒可是會在你家另尋淨土的。

他會自己習慣從吃飯或睡覺的地方去上廁所，熟悉一條路線，所以一定要固定地方。大約要5～6個月齡後，你才可以完全信任的讓他自己到處在家裡逛。那時他會玩一玩，需要時會自己去他的廁所便便。但還小時，膀胱的容量不大，尿尿的次數會比較多，隨著年齡會慢慢改善的。

籠子的訓練

籠子訓練是很重要的。要讓豬豬覺得呆在籠子裡是好事，這樣需要帶豬豬去看醫生或外出遠行才方便安全。不要等到必要時，才用強迫的方式把豬豬硬塞在籠子裡。也可以選用一個外出用的籠子給豬豬當窩窩。把豬豬的飯飯放在裡面，讓豬豬在籠子裡面吃幾次的飯，這樣可以讓豬豬覺得籠子裡是好地方，豬豬也會學著自己進去。另一方面，當豬豬知道籠子裡有東西吃，他也就不會在籠子裡排便。可以考慮讓豬豬把籠子當成在家裡的窩窩，有一個小空間可以讓他覺得有一個屬於自己的、安全的地方。

教育亂叫的豬豬

豬豬的大叫聲形容起來就是像「殺豬般的」，眞的是沒有更貼切的說法。豬豬小的時候，聲音很尖，叫聲很大，所以一定要訓練讓他不亂叫，不然你會受不了的。

豬豬大叫通常是因爲害怕，這是幼豬自我防禦的唯一方法，他希望以尖銳又響亮的叫聲讓危險的侵略者離開。所以訓練豬豬不亂叫，一方面要有耐心，另一方面要讓豬豬在各方面感覺到安全。

一開始把豬豬鎖在籠子裡他一定會大叫特叫。你只能忍著，不去理他，但要確定他上過廁所了，豬豬不喜歡弄髒睡覺的地方，所以尿急時也會吵著要出去！平時關豬豬的話，不要當豬豬一叫，你就回應，那豬豬會持續的叫，以後也比較難改過來。從小就要訓練豬豬不可以亂叫，方法就是大人都不可以理他，也不要回應他，但也不要罵他，也就是完全不要作聲。幾次以後，豬豬就學會鬼叫鬼叫時沒有人會理他，亂叫是沒用的。如果豬豬不叫了，你再去開籠子，甚至給個賞，那他會學得更快。如果豬豬叫你就去理他，甚至罵他，那是他在訓練你，他一叫，你就隨傳隨到，那你就慘了！

豬豬的叫聲

豬豬在幼年時期會有找媽媽及呼喚同伴的叫聲，有害怕緊張的尖叫聲，有滿足時低低的呼嚕聲，有在四處閒逛找東西的嘀咕，有像嬰兒一樣的「愛睏」呻吟，還有被嚇到時很像狗叫的「汪汪」聲……有專家收集了20餘種的豬叫聲，代表豬豬也會彼此溝通。所以，你也可以開始觀察你家豬豬在不同時候的叫聲，那是他在跟你說話喔！

豬豬不會亂叫以後，你就可以觀察他不同的叫聲，如要上廁所、想找大人玩、想睡覺等，都有不同的叫聲。

習慣被觸摸

小豬一定要習慣被觸摸，有一些小豬一被碰就叫，也有些很黏人。要讓小豬對於人的手沒有恐懼感，可以趁豬豬埋頭吃飯時，摸摸豬豬的背、腹部或握住豬豬的腳等，讓豬豬不會對這些觸摸有反感。每天都這樣，讓他習慣。這樣一來，幫他洗澡或清理耳朵、眼睛，及去給獸醫檢查時，都會比較好控制。

戴背帶、扣鍊子的訓練

要帶豬豬外出，一定要先教會豬豬被牽著走，所以要盡早開始讓豬豬習慣戴背帶。豬豬不可以用狗狗的頸圈，一定要用套在頸部及胸部的背帶，有一些小狗用的背帶可以試試。不然美國有設計給豬豬專用的背帶，是按照豬豬的體型設計的，所有的接縫都在背帶外面，鍊子的鉤環也是固定在外面，沒有一個地方會讓豬豬行動不方便，或會卡到、刮到的。

訓練豬豬戴背帶可以參考訓練狗狗的方法，但如果從來沒養過其他寵物，下面是我自己教豬豬戴背帶的經驗。

如果這是你家豬豬第一次戴背帶，不要急喔！豬豬對新的事物是又好奇又害怕，如果他今天不讓你扣背帶，會倒退著走，試著要脫離。他會逃跑就不要勉強他，明天再試試。不然把背帶和拉繩放在他的窩窩裡陪他睡兩天，讓他覺得有自己的味道就不會怕了。背帶的扣環扣上時有「喀它」的聲音，所以也可以多在豬豬身邊扣幾次，讓豬豬聽習慣這個聲音。每一天重複幫豬豬扣背帶、解背帶，讓他習慣。

幫豬豬戴背帶時，可以先將頸圍和胸圍量好，調整好再給豬豬戴上。也可以在手上放吃的引豬豬自己把頭穿過頸圈，他吃東西，你扣背帶。記得不要調得太緊，要留空間讓你的手指能在扣好的背帶和豬豬之間活動。趁著豬豬吃飯的時候幫豬豬扣上背帶也是好方法！

剛開始可以讓豬豬戴著背帶自由活動，你也可以觀察豬豬會不會被背帶刮到，或行動會卡到。小豬非常的細皮嫩肉，所以要選用軟一點的材質。讓豬豬穿著背帶活動，讓他習慣那個感覺，解開時可以誇獎豬豬，給個小賞，讓他覺得戴背帶是一件好事。

扣上拉繩跟著主人走路的訓練

小豬害怕時會亂竄、倒退走，所以當你開始「拉繩」訓練時一定要注意。先在一個小一點的空間練習，把拉繩扣好，在手上握著一點食物，讓豬豬跟著你走，可以配合著說「走走」等口令，讓豬豬跟在你旁邊走。豬豬有跟著走，誇獎他，並給獎賞。如果豬豬突然「抓狂」開始亂扯，你就把拉繩放了，不要讓他扯傷了自己。

以上這些練習都是養豬豬需要的最基本的訓練，也是日後豬豬是否能成爲一隻好寵物的關鍵。所以豬媽豬爸們，要把基礎打好。

教小豬時，要一點一點的來，不要期待一步登天，要有耐心！

豬 豬 百 態

mei mei

品種：麝香豬

性別：女生

生日：2004年8月9日

家長：豬媽曾英茹

mei mei平常都吃素食的飼料，配新鮮的蔬菜水果（以水果為主食）。

他喜歡曬太陽、學小狗咬東西晃腦袋、愛撒嬌，有時會突然興起而暴走。但他最愛的，還是睡覺與吃東西！

Miniature Pet Pig

Chapter 10 豬豬的社交

常常帶豬豬外出體驗不同的生活，對豬豬是很好的。動物學家稱為「社會化」，就是動物在人的社會裡的適應及體驗。缺乏社會化的豬豬膽子會很小，一接觸新的事物會慌張失措，甚至橫衝直撞，而造成危險。

小豬寶寶膽子很小，對新鮮的事物都會又害怕、又好奇。一些我們日常生活裡很容易疏忽的小事情，都能讓小豬緊張害怕，所以要從小訓練他習慣我們的生活環境。從電視、電話、吹風機、電鈴、汽機車、警報鈴聲等都能讓小豬緊張。突然亮起的燈、突呼其來的聲響，也會讓小豬感到有危險，小豬會站著不動，停住呼吸，觀察情況。被抱住或綁住，限制小豬的活動，也會讓他警覺有危險。小豬因害怕而會倒退的離開「危險地區」或直接逃跑，如果不會對小豬造成傷害就別去追他，那會讓小豬更害怕、逃得更遠。先讓小豬自己冷靜停下來，再試著用食物引小豬回到你身邊。平時多多讓小豬聽不同的聲音，去不同的地方，接觸各種不同的人，同時要讓小豬有安全感，訓練小豬膽子大起來。

要帶豬豬出門時，就要先做好籠子訓練、拉繩訓練和習慣長時間與人接觸。也別忘了當豬豬在外面便便後，要把便便撿起來丟到垃圾桶，或帶回家沖到馬桶裡喔！

與其他動物的互動

一般來說，豬豬跟其他家裡的寵物多半能和平相處。豬豬會把其他的動物當成伙伴們。貓一般都不會受影響，影響比較大的是狗。

狗的天性是狩獵、掠取食物，而豬在自然環境裡就是被獵殺的目標之一。因此家裡如果已經養了狗，要再養一隻小豬時，一定要隨時觀察兩者的互動。狗有先來後到的觀念，所以在呼叫、訓練、餵食時都要注意。如果你養的是獵犬類的，就要好好考慮是否適合養豬。養豬之前，狗狗要有一定的訓練，會聽話，知道什麼是「不可以」。最好讓他們隔離幾天，或隔著籠子互相習慣對方的味道，再讓豬狗正式相會。但要隨時留意他們的行爲，以免發生慘劇。

豬豬交朋友

下面是牛牛媽提供幾點給有養狗又想再養豬豬的朋友作個參考：

1. 豬豬剛回家時，可以先把他抱起來給狗狗聞聞。最好是坐在地上抱著豬豬給狗聞。狗通常是以聞對方的氣味來辨別。這時你可以跟狗狗說：「不可以咬他喔，不可以欺負

他，你咬他，我會打打喔……」諸如此類的話。然後可以把豬豬放開，這時狗應該會跟著豬走。要注意，就算狗狗一直都ok，你還是要留意，狗狗有時會趁主人不注意時欺負新來的。

2. 吃飯最好分開吃。如果可以最好把豬豬隔離，以免豬豬吃完飯走到狗狗吃飯的地方……那後果可能不是你我能想像的，輕則受個皮肉之傷，重則可能會被咬死喔。
3. 不要讓狗狗覺得他失寵了。這樣他除了會吃醋，也有可能會偷偷的欺負豬豬，更誇張的會搗蛋，來爭取你的注意力。

豬 豬 百 態

牛牛

品種：麝香豬
性別：男生
生日：2004年4月
家長：牛爸劉力綱、牛媽徐翠蓮
家人：大狗兒子浩浩，二兒子米格魯犬豆豆

有養豬都知道豬看到吃的就會一直吐泡泡，口吐白沫，口水會流出來。吃的一出現馬上不管三七二十一一頭栽進去再說。有時我會端著他的飯碗跑給牛牛追。我跑，牛牛追，狗狗們有時也會跟著追，浩浩還會跳很高來搶。牛牛會一邊追、一邊口吐白沫、一邊叫。我老公也會一邊叫：「快點給他啦，他口吐白沫了。啊！啊！口水要流下來了。你快給他吃，別玩了！」哈哈，我老公有點受不了牛牛看見吃的會口吐白沫。我想不知情的人看到可能會想這隻豬可能中毒了，一直口吐白沫，快掛了吧！

有一次牛牛被關在一樓，但豬籠沒鎖好，牛牛就跑出來。牛爸在做事，我在和客人說話，沒人發現。浩浩竟然一直跟著牛牛的後面走。牛牛快走到門口時，浩浩竟然會用鼻子去頂牛牛回來。一直把牛牛頂到正在做事的牛爸身邊，牛爸聽見牛牛拱拱的叫聲，回頭就看到浩浩正把牛牛頂到他身邊。真是太意外了，浩浩竟然會護著牛牛，因為我們也不知牛牛到底跑出來多久了。如果不是浩浩……噢，我不敢想像了，那晚我給浩浩一隻好大的雞腿獎賞。

白天浩浩、豆豆和牛牛會一起趴在外面的地上曬太陽。因現在天氣較涼了，有時後他們會背靠著背，趴著取暖曬太陽。我想他們感情應該不錯吧！

Chapter 11 豬豬的飲食營養

大家開始養豬後就會發現飲食是一個問題。不像貓狗及其他較普遍的寵物，有現成的飼料、點心和營養健康補給品。養寵物豬不能使用食用肉豬的飼料，因爲：第一，會長太大，長太快，長太肥；第二，食用豬的壽命不必長，只要夠大就夠了，所以飼料不是以長期飼養爲目的所配的；第三，食用豬的飼料裡通常都會加入一些預防豬隻生病、引發養殖場的感染的一些藥物或抗生素，寵物豬如果長期使用，也會產生抗藥性，日後如果需要用藥治療，療效也會有限，影響豬豬的健康。

雖然說豬是雜食動物，什麼都吃，但是還是要靠飼主去評估自己的寵物豬的飲食，配合豬豬的年齡、體質及活動量，讓豬豬能攝取到足夠的營養，又不會過胖，才能確保豬寶貝們的健康。

豬不能自體製造組成蛋白質所需要的幾種胺基酸，所以必須由食物中攝取。野外的

豬是在土裡拱出植物、礦物及小蟲子等來吃取得蛋白質。豢養的豬所有營養是由飼料裡取得。那寵物豬呢？台灣還沒有寵物豬的專用飼料，所以豬爸豬媽們只好盡量自己配了。

健康的豬需要大量的纖維質，少量的蛋白質，非常低的脂肪。但缺一不可！

豬豬飲食禁忌

但在開始討論豬豬的日常飲食前，我想先列出寵物豬不可以吃的東西。因爲豬是什麼都吃，而且好像永遠都吃不飽，所以這一些飲食的限制就要靠各位豬爸豬媽們了。

絕對不可以列爲日常飲食的食物：狗食，貓食，糖，肉類/魚類，奶製品，煮熟的剩菜，罐頭食物，酒精類的飲料。

狗食是給狗吃的，貓食是給貓吃的，裡面所含的蛋白質和脂肪都不適和給豬吃。過高的蛋白質豬寶貝反而無法消化；過高的脂肪可是會把豬養成大豬公的。

肉類/魚類、煮熟的剩菜、罐頭食物裡的脂肪、鹽分都太高，不適合一隻健康的豬豬吃。

奶製品例如牛奶、乳酪、優格，吃多了也會引起消化問題。豬豬成長後可能會出現乳糖不適的問題，就是不能消化乳糖而引起腹瀉，這一點一定要注意。

零食類例如：餅乾、糕餅、洋芋片、比薩、冰淇淋、糖果等，只可以非常偶然、非常少量的給，讓豬豬嘗嘗味道就夠了。

絕對絕對不可以給豬吃含鹽分高的食物及巧克力。攝取太高的鹽分，而沒有攝取足夠的水分會使豬豬鹽中毒；而許多的寵物對巧克力會有嚴重的過敏反應。都有致命的可能。

也不可以讓豬攝取太多的糖分。飲食裡含太多的糖分除了容易發胖外，豬豬的脾氣可能會變得暴躁、難控制。但豬豬非常喜愛甜食，所以要拿捏好。

適合當日常的主食

五穀類，深綠色的蔬菜，其他蔬菜類（葉菜，根莖類），水果，堅果。

五穀類和豆類的食物像五穀雜糧飯（還有十穀的）、玉米、地瓜等就是高纖維及蛋白質很好的來源，是很好的主食。

蔬菜水果都是很好的纖維及維生素的來源。

少量的堅果可以補充維持豬寶貝健康不可或缺的油脂、脂肪酸，讓豬豬的小豬蹄和皮毛健康。

三個月大後可以開始把蔬菜水果當成主餐之一，那兩者的比例最好是2/3的蔬菜1/3的水果。蔬菜有很多是低熱量的，所以給的量可以多一點來滿足愛吃的豬豬。便宜又有營養的地瓜葉就是豬豬的最愛之一，其他像空心菜、小黃瓜、紅蘿蔔、芹菜、甜椒、玉米、白菜、包心菜、生菜……等等，都可以在豬豬三個月大左右開始餵食，一次一種的讓豬豬嘗嘗，找出幾種他喜歡吃的。家裡日常吃的蔬菜，那些我們剝掉不要吃的部分，

其實只要洗一洗都可以成爲豬豬的美食，是非常經濟的，又可以減少我們家裡的廚餘。

水果要挑糖分比較少的或甜度比較低的部分，太酸的也不合適。太小的豬豬只可以嘗試水果的味道，有一些幼豬第一次吃水果或喝果汁會腹瀉，飼主們要特別留意。

新鮮的蔬菜洗乾淨，生食就可以了，小豬一旦嘗過新鮮蔬菜的味道就會愛上吃菜的。但每一隻小豬不同，不一定每一種菜都愛吃，可以試著用地瓜葉、空心菜、小白菜、生菜、小黃瓜等。如果第一次豬豬不肯吃，就在菜裡拌一點之前吃的飼料，一旦試過小豬就知道青菜的好吃了。

水果盡量去核去子，水果皮有上蠟的也要去除。如果豬寶貝不喜歡喝白開水，也可以用一點點果汁調味，讓豬豬每天能攝取到足夠的水分。也可以給豬豬吃一點含水量比較多的食物，像西瓜，只要切西瓜皮邊上白白的部分給豬豬，他就會吃得很開心了，消暑又解渴，是夏天的好食物，又有足夠的水分可以避免豬豬便祕。

早餐吃的即溶麥片，只要沒有添加鹽和糖的也可以，但要看清楚裡面的營養含量。麥片的纖維質很高，但長期食用其他的營養成分可能不夠。但如果豬豬需要減肥，這是個好食物。有的時候用乾的麥片灑在地上讓豬豬慢慢的撿來吃，可以讓他邊吃邊運動。

麵包或土司也不適和長期或大量食用，因爲在製作過程裡油用得太多了，會讓豬豬發胖。

有一些豬媽豬爸可能用所謂的寵物豬配方的飼料，那就在豬豬3個月後慢慢的把飼料替換掉，開始改用其他的主食像新鮮蔬菜、地瓜、玉米等。這種幼豬專用的飼料是小豬斷奶後的替代品，蛋白質及熱量都很高，所以隨著豬豬的成長，要把這種飼料減量，甚至完全替換掉。

幼豬在三個月前所需的蛋白質是20%，之後的成長期只要在12%～14%就可以維持健康。五個月左右的豬所需的蛋白質降低了，不宜使用斷奶後的替代飼料。

豬豬的每日食量

建議的餵食分量是一天總食量維持在豬豬體重的1.5%～3%就夠了，要依豬豬的活動量來自行調整。絕對不要以人類的飲食份量套用在寵物豬的身上。

幼豬是以少吃多餐爲主。豬豬在三個月前應該固定要吃三到四餐，只要排泄正常，還不適宜限制飲食，因爲豬豬還沒發育完整。幼豬如果吃得太過量消化不良也會引發腹瀉嘔吐、容易脫水、電解流失等而夭折，所以剛養的一兩個月裡寧可多餵幾次，才能確保豬豬的健康發育。三個月大後，如果豬豬很健康就可以調整爲一日兩餐。

一般三到五個月大的豬，如果是吃寵物豬的專用飼料，就不必按照上面所提的用體重的百分比餵食，通常只要按說明餵食指定的量就可以了。雖然量看起來很少，但因爲是特別調製的精緻飼料，所以有足夠的營養及熱量來維持豬豬的健康。讓他習慣不吃得

太飽、太脹會比較健康。如果是自己準備的食物，也要確定是新鮮乾淨的。餵食豬豬的原則是盡量不要給豬豬吃過量，但更不可以怕豬豬長太大而不讓他吃，兩者都很不人道。

如何判定豬豬過輕或過重？

健康的豬豬外型是讓你看不到肩夾骨、脊椎骨及後腿上的骨盤有明顯的凸出，用手摸可以感覺肋骨及脊椎骨上的一小層薄薄的肌肉，而沒有皮包骨的感覺。幼豬不可以因怕他長太大而減食，他的骨骼和臟腑都還在發育中，沒給他吃夠會發育不良。最明顯的是會站立不穩、後腿膝蓋內彎無力、皮毛稀疏、抵抗力低下。

而太胖的豬也跟人一樣會有行動不便、關節病變及心血管疾病的危險。太胖、吃太多的豬豬也很容易判定。麝香豬最特別的地方是吃飽了肚子會明顯的鼓起來，但如果你站著往下看豬豬，覺得肚子左右也鼓起來，好像生吞了一顆哈密瓜，那就是吃太多或太胖了。如果用手都摸不到腿上方的凸股骨，豬豬的臉頰也肉肉的，或胖到眼睛都瞇了，就是胖得太離譜了，要趕快給豬豬減肥，要少吃、多運動。

定時定量

在豬豬5～6個月大就一定要開始定時定量。最普遍的作法是限制一天早晚兩餐，這也是最方便飼養者的時間。但有一些豬豬晚上會賴皮，不去睡覺，一個很有效的方法就是給他一點點的宵夜，就算只夠沾到飯碗，豬豬舔完就會滿足的。所以要如何給豬豬定吃飯的時間，就要看看你的作息和小豬的個性來訂了，千萬別讓豬豬替你訂時間。

當豬豬年紀大以後，他會越來越不喜歡動，不像小baby時那樣旺盛的活動力。當新陳代謝慢下來，大豬的飲食也要跟著改。年齡大的、開始老化、行動力少的大豬，可以調爲一天一餐。也要多想方法讓大豬運動，才不容易發胖。不好動的成豬食量也要適時的減少，繼續幫他維持健康。

給零食的原則

豬豬在正餐以外的任何食物都要用「賺的」，不要沒事亂餵他。

記得：「天下不可以有給豬豬白吃的零食！」

零食通常是要豬豬在訓練過程中有好的表現，或日常行爲上有服從你的口令行動，這個時候就是正面獎勵的時候。在豬豬的世界裡，食物就是最好的獎品。

豬豬的零食也要以健康、低熱量的爲主。在訓練的時候可以選一些口感好的食物，讓豬豬喜歡並期待每一次跟你一起互動和玩樂的特別時間。我在Chapter 13裡會進一步的說明。

豬豬會爲了吃到東西而做任何事，所以不要放棄每一個可以訓練他的機會。而且訓練他不只是教他要把戲，也是訓練一些基本的禮節及服從性。豬豬需要學會喜歡進去自

己的籠子或窩窩裡；讓主人給他戴上背帶和鍊子，並會跟著走，主人才可以帶出去溜豬；聽主人的口令「來」或「不可以」等。這些是要當一個盡職的寵物豬必須學的，也是飼主教育他的責任。這樣才會有個良好的伙伴關係。當基本的訓練完成了，再進一步的讓豬豬學習一些比較特別的把戲，讓豬豬天天都有跟家人們互動的機會。而學一些特別的把戲可以讓豬豬成為一名有禮貌，又能提供歡笑，及受歡迎的動物伙伴。

Pinkie 媽有話說

國外的書籍上指出豬沒有丘腦，因此永遠都認為自己肚子餓。有一個養豬人家說的也很好，他說豬豬有飲食失憶症，一口才吃完，就忘記了，又是一副餓死鬼的樣子討吃的。豬豬是非常享受「當下」的，一定是把吃得到的一口氣全吃光光。如果讓他無止境的吃，豬豬會吃到吐。

豬豬的飲食

（轉載自Yahoo奇摩家族「豬豬的窩」）既然是豬，多少都有相似點可循。拿我家豬豬吉利來說好了。因為小時候爸媽很寵，他大約8、9個月就跟柴犬成犬差不多大了。有些人覺得還好，我覺得他還有生長空間，因為他是山豬。所以決定開始給他固定的飲食。養到第2年的時候，我只給他吃一餐正餐，主食飯，容量為一個湯鍋的量，下午5點至6點餵食，早上可能只給他一些水果或生菜。他的長度差不多80CM（沒加尾）/ 30KG（應該比麝香豬大很多），但是他都差不多維持這種體型。我家的豬豬雖然看起來很大，但是整體來說卻算均衡。以大部分人的觀點來說可能覺得我給他的算少量，但是我覺得以豬的角度來說，多不多、少不少，都是習慣問題。對豬來說當然越多越好，但要以人為主導；不是豬豬來主導你。如果持續性的都是給豬豬大量的飲食，造成習慣，哪天你忽然給他少吃一點，豬心裡會覺得你真的把他餵少了。只要養成習慣就沒有拿捏上的問題。人和豬畢竟不一樣，如果你給他的食量跟你自己的食量差不多時，對他來說是一定太多的（相信有人是這樣想的），因為他的體型沒人那麼大。就算有，也不像人一樣可以自行去消耗掉那麼多的熱量。飲食控制是為了豬的健康而做，過分的胖對他來說就是負擔，對他來說才是更殘忍的。如果不了解原意，就等於是逆其道而行，那此舉就會讓你的豬豬更不健康了。這只是個人的經驗、想法，不一定適用在每隻豬身上，給大家參考一下。畢竟每隻豬豬只有自己的主人最了解！

其實豬豬不是說不能吃人的食物，只是人們把他寵物化，因為豬本來就是雜食性的動物。當餵食人類的食物時應該注意「天然＆少添加物」，而且長期吃飼料其實是不適宜的（很多人會買飼養豬飼料或狗飼料）。有空時還是應多多補充天然蔬果，也可以增加他的抵抗力。

我想很多豬豬最大的問題是主人太寵了。因為不管今天吃什麼，「控制飲食」絕對是養豬豬主人的一個重要課題。豬豬一定要讓他有固定的運動，不管他是不是願意，每天至少要一次，只要遵循「控制飲食＆多多運動」，我想豬豬依然可以很健康。

豬 豬 百 態

吉利

品種：山豬

出生：2000年8月5日

性別：女生

家長：豬姊王芷茜

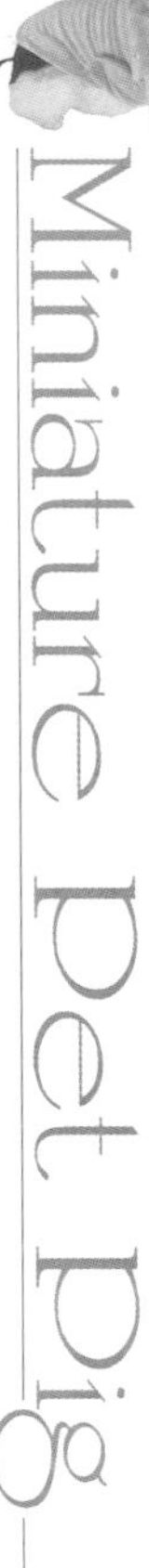

因為忙著上課，所以平時豬豬都靠我爸媽幫我餵。我還怕我回來餵牠會認不得我呢！但有時會特地去菜市場買菜回來好好幫他補一下，而且市場的菜新鮮又便宜。不過，記得回來一定要泡水洗過，怕有農藥。我家吉利不喜歡辛香料的味道，所以我都會拿蒜頭加一點油、一點水磨碎，再加一點水果，跟菜拌在一起給他吃（不需要煮）。蒜頭可以增加他的抵抗力，食用油對皮膚也有幫助，水果切大塊一點，也可以吃飽飽，又沒負擔唷。邊看他吃，邊叫他，雖然他在吃東西，還會拱拱叫的回我呢。看到大隻豬豬撒嬌，還真的很窩心喔！我家豬豬主食是飯，若有時候家裡沒煮飯就走一趟市場。偶爾給豬豬吃生菜沙拉也不錯！

豬豬所需的維生素與礦物質

要維護豬豬的健康就要讓他攝取到足夠的營養成分。下面是一些豬豬需要的維生素和礦物質，及缺乏時會產生的問題。我也同時列出平時可以從哪些食物中取得，給大家參考。

當豬豬從日常飲食中攝取的養分不足，會影響正常的生長。但絕對不可以因爲哪樣維生素的缺乏會讓豬豬生長遲緩，就刻意去減少該種維生素以控制豬的大小，因爲嚴重的缺乏維生素會引起更多的疾病，影響豬豬的健康及生活品質。豬隻的大小絕對不是以食物中的養分減少所決定的。成長的速度減慢或停滯，只是維生素缺乏的後遺症之一，引發豬豬其他的健康問題會給你帶來更多的困擾。我之所以列出來是讓大家做個參考，多了解維生素的重要性。其實讓豬豬營養均衡不難，也不麻煩，只要多給一些新鮮的蔬菜，天天有戶外活動及玩樂的時間，拱拱土，吃吃戶外的植物，曬到太陽。如果覺得有必要也可以每天給一點兒童維他命，就能讓豬豬有足夠的維生素及礦物質。

●維生素A／β胡蘿蔔素

功能：維持正常生長、繁殖，及維持視力、呼吸、神經等多項生理功能。

缺乏：乾眼症、夜盲、失明、食慾不振、抗細菌感染力降低、跛腳、繁殖能力減退、死胎等。

來源：黃綠色蔬菜及水果，如甜瓜、紅白蘿蔔、花椰菜、蘆筍、南瓜、木瓜、芒果等。

●維生素D

功能：幫助鈣和磷的吸收，以及與鈣質一起控制骨骼的形成。

缺乏：佝僂病，生長遲緩，易骨折，關節及骨骼疏鬆、病變。

來源：陽光、有陽光照射過的植物。

●維生素E

功能：防止細胞氧化，促進正常生長及發育，促進皮毛及腳蹄的健康。

缺乏：皮毛乾燥，腳蹄皸裂，貧血；生殖能力減退，增加胚胎死亡率；幼豬的四肢行動不協調。

來源：米糠、麩麥、大豆油、花生油、玉米油、小麥胚芽、小麥胚芽油、苜蓿、全麥麵粉、胚芽米、糙米、豆類、蛋、核果類（杏仁、核桃、葵瓜子等）。

維生素K

功能：促進凝血功能。

缺乏：凝血功能障礙、皮下出血、尿血，受傷或注射後出血不止。

來源：只需在幼豬之飲食內另外添加。如甘藍、燕麥、菠菜、萵苣、花椰菜、豌豆、蛋黃等。成豬可自行合成。

維生素B1

功能：保持肌肉、心臟及黏膜的健康。

缺乏：幼豬會下痢、嘔吐、食慾減退，消化機能低下，心肌萎縮，神經系統病變。

來源：穀類的胚葉、胚層麩皮、糙米、米糠、豆

類、大豆、蛋黃、荔枝、馬鈴薯、綠色的蔬菜等。

維生素B2

功能：維持體內呼吸、循環、消化道黏膜的健康。

缺乏：代謝混亂、食慾不振、皮毛粗糙、皮膚炎、下痢、大腸炎、四肢彎曲或麻痺、運動不協調、神經系統不完整，早產、死胎、畸形兒，結膜炎、角膜炎、白內障，腎臟損害。

來源：牧草及綠葉蔬菜、蛋、花生、豆類、栗子等。

維生素B3

功能：維持皮膚、神經、消化系統正常。

缺乏：食慾不佳、生長不良、腸炎、腸出血、腹瀉、嘔吐、皮膚炎、脫毛、皮毛粗糙、貧血、口舌潰瘍。

來源：花生、葵瓜子、芝麻、五穀雜糧類、蛋、綠豆、紫菜等。

維生素B4

功能：合成重要胺基酸的成分之一。

缺乏：行動不正常、關節活動不正常、血管壞死、脂肪肝、肝腫大，母豬乳汁分泌不足，幼豬軟腳、皮毛粗糙。

來源：麥芽、大豆粉、小麥、小麥胚芽、大麥、燕麥、草類等。

●維生素B5

功能：維持正常生長及發育。

缺乏：食量減退、消化功能障礙、運動失調、生長緩慢、四肢僵硬、痙攣性步行、無法站立、下痢、皮毛粗糙、皮膚炎、脫毛、直腸出血、貧血、過多鼻液或眼淚。

來源：蜜糖、蛋黃、五穀雜糧、核果類、玉米、豌豆、啤酒酵母。

●維生素B6

功能：維護及調節體內各種功能平衡運作。

缺乏：肌肉不靈活，類似癲癇之痙攣；食慾減退，貧血，毛粗糙，視力受損，肝病變。

來源：綠葉蔬菜、酵母、小麥胚芽、燕麥、橘子、番茄、高麗菜、花生等。

●維生素B9 / 葉酸

功能：促成紅血球正常形成，促進正常生長、發育。

缺乏：貧血、皮膚炎、泌尿系統損害、成長衰退。

來源：豆類、綠色葉菜、水果、橘子類、蛋黃、胡蘿蔔、南瓜、香蕉、全麥麵包、堅果

類等。

維生素B12

功能：促竟正常生長及發育。

缺乏：幼豬生長不良、生長停滯、緊張、惡性貧血、運動失調，成豬皮膚炎、皮毛粗糙、失聲、繁殖率降低，母豬泌乳量降低。

來源：蛋、發酵副產品等。

維生素H / 生物素

功能：促竟正常生長及發育。

缺乏：局部脫毛；蹄部龜裂潰瘍，導致行動困難；皮膚乾、粗、皮膚炎；幼豬畸形。

來源：蛋黃、糙米、小麥胚芽、啤酒酵母。

維生素C

功能：抗壞血病因子。

缺乏：壞血病、體重降低、齒齦出血、貧血。

來源：豬隻可自體合成。新鮮莖菜類、深綠及黃紅色蔬菜、水果，如青椒、芭樂、柑橘類、蕃茄、高麗菜、奇異果等，還有豆芽類、甘薯類等。

磷＆鈣

功能：骨骼的生長及強度。

缺乏：軟骨症、佝僂病、僵直、痲痺、易骨折、生長與發育不正常、生產力下降、毛髮失去光澤等。

來源：動物性蛋白質、豆科牧草、油菜等。需要維他命D協助吸收。

鈉鹽

功能：平衡體內水分的代謝，增加食慾，促進新陳代謝。

缺乏：食慾減退、脫毛、生長停滯、心肌收縮不正常。

來源：食鹽，但過多會代謝不良產生鹽中毒。

Miniature Pet Pig

Chapter 12 豬豬的清潔衛生

洗澡

豬沒有汗腺，所以寵物豬如果養在家裡不容易沾到髒的東西，也不會散發體臭。每天幫他刷刷身體，或用溫溫的毛巾幫他擦擦，就可以保持他乾乾淨淨的。豬的皮膚很乾燥，所以不要太常洗澡，會把他皮膚上的天然油脂洗掉。如果一定需要常洗澡，也不需要每一次都用肥皂。太小的幼豬不用太早開始洗澡，因爲豬豬還很怕冷，如果沒有馬上幫豬豬擦乾或吹乾，豬豬很容易著涼。

第一次洗澡的豬豬會有點害怕，會大叫，掙扎，試圖逃跑。但也有一開始就很愛洗澡的。如果你碰到的是洗澡時用盡吃奶的力氣反抗，就要慢慢來。幾次之後，豬豬就知道洗澡是舒服、安全的。

記得要在浴缸或浴室裡鋪防滑的墊子，地上或浴缸太滑，豬豬站不穩時，也會引起豬豬的恐慌。

小豬其實是喜歡玩水的，有一些豬豬甚至天生就會游泳。但幼豬對水龍頭的流水聲音因爲陌生會害怕，所以可以預先在洗澡缸裡，或大一點的水桶裡先放一點溫熱的水，不用深，讓他的腳浸到水，用勺子舀水淋在他的身上。如果豬豬不合作，可以用一點食物餵他，或放在水上飄讓豬豬去撿，然後你同時可以用刷子幫豬豬刷刷，或用手揉揉豬豬的全身。如果豬豬不害怕，也可以用蓮蓬頭淋他的身體，但要注意水溫。不要期待第一次會很順利，一步一步的來。可能第一次只能讓豬豬的腳浸溼，慢慢來，豬豬很快就會愛上洗澡的。

等到豬豬比較適應了，就可以給豬豬正式洗澡。可以用嬰兒的不流淚配方的洗髮精、一般的藥皂，或挑選一個不含香精的洗髮精，依豬豬的皮膚狀況選擇。

幫豬豬沖乾淨時不要直接把水沖到耳朵裡，容易引起內耳發炎。

最重要的是，洗完澡要擦乾，冬天要用吹風機吹乾，別讓豬豬感冒了。

Pinkie 媽有話說

我的豬豬剛開始洗澡時都會像殺豬般的尖叫，兩個人給豬豬洗澡都還弄得人仰豬翻的。後來給豬豬一邊吃東西，一邊幫他洗，就很太平了。豬豬其實都滿乾淨的，每回外出回來，我都會用溼布擦他的嘴巴、鼻子和腳，上完廁所也會盡量給他擦屁屁。現在每個禮拜幫豬豬洗澎澎都很快，而且一個人就搞定了。

皮膚保健

如果覺得豬的皮膚很乾，甚至有像頭皮屑的屑屑會掉下來，可以在洗完澡後擦一點潤膚乳液。

不要用類似嬰兒油的東西，因為油脂反而會讓豬豬容易沾上髒的東西而引發細菌滋生。豬豬通常在兩三個月齡時全身會有脫皮的現象，可以幫豬豬刷掉，或擦一點潤膚乳液，讓豬豬舒服一點。只要豬豬沒有不停的給自己抓癢、磨牆角等，就算正常。

也可以在豬豬的食物裡加食用油，每天一次，幾滴就好了。一、兩個禮拜應該會改善皮膚乾癢的。油可以用橄欖油、菜籽油，或家裡一般在用的沙拉油也可以。也可以給

豬豬吃一點維他命E，但不宜過量。

如果你的豬豬有嚴重的脫皮現象，可能不是單純的皮膚乾燥，還是帶去給醫生看看吧！

Pinkie媽的潤膚配方

油性皮膚用的乳液加水稀釋，再加幾滴的茶樹精油，放在噴瓶裡。有必要就給豬豬噴一噴，再用手抹一抹，潤膚又可防蚊蟲叮咬。Pinkie很挑剔的，非常討厭人工香料太濃的東西，所以用自然一點的產品。洗完澡抹一點，反應還不錯。

牙齒保健

豬豬的牙齒保健不必像貓狗那麼麻煩。維持飲食裡的糖分不高，就是幫豬豬保持口腔的健康。如果想幫豬豬清理牙齒，也可以用紗布包著手指，把豬豬的牙擦一擦。

豬有44顆牙。在一歲的前後開始換牙，大約一歲半才會長齊。豬都有獠牙，也就是犬齒。通常不會長出嘴巴外，但豬豬每一次咀嚼就有磨牙的作用，所以當獠牙太長或太尖銳，就容易把接近的人刮傷或破壞家具等，必要時請獸醫鋸短。

眼睛保健

豬豬的眼角會流眼淚，那是自然的現象，是豬豬替自己洗眼睛。但這個淚液油油滑滑的，如果沒有擦掉，就會黏在豬豬眼角下凝成一蛇。平時用面紙把眼角的眼油擦掉就可以了。但如果凝成一蛇時，就用溼布慢慢的、輕輕的軟化眼屎，就會脫落了。

當你發現豬豬的眼油很多時，最好讓獸醫看看。如果常常外出，空氣裡的灰塵可能讓豬豬的眼睛發炎，最好請醫生開個眼藥水或清潔液。

豬豬的睫毛很長，如果你的豬豬有睫毛倒長，也會引起發炎、眼油增多。所以身為豬媽豬爸的人要多多觀察豬豬。

耳朵保健

豬豬的耳垢是咖啡色的。一般只要把看得到或手指搆得到的地方，替豬豬清乾淨就可以了。耳垢太多的時候，不要過分的用棉花棒清豬豬的耳朵，也不要試圖挖的太深。可以用棉花棒沾一點消毒用的酒精，在豬豬耳朵的溝溝縫縫裡轉一轉，就可以了。太過分的挖豬豬的耳朵，反而會容易發炎。
洗澡時耳朵容易進水，所以要避免。可以試試在洗澡前用棉花把豬豬的耳朵塞住。耳朵進水會讓豬豬的耳朵發炎。如果豬豬的耳垢很多、有臭味，而且幫豬豬挖耳朵豬豬很不舒服時，就趕快去找獸醫。

腳蹄修剪

平時常常帶豬豬到戶外走動，讓豬豬能常常在戶外的水泥或道路上行走，可以幫助磨掉太長的腳蹄爪，就不需要給豬豬修剪多餘的腳爪。

如果豬豬不習慣被人到處摸摸抱抱的，就很難幫他修腳爪。也有人用挫刀磨，或用貓狗修剪爪子的特製剪刀，或請專業人員幫忙。方法很多，但豬豬不一定配合。如果要試著自己幫他修剪腳爪，要小心剪，不要剪到有血管的部分。一點點，一點點的剪。不一定一次就能剪完四隻腳。多跟豬豬玩玩，給他搔肚皮時也摸摸他的腳，讓他習慣被抓著腳，慢慢的豬豬也可以適應被剪腳爪。

豬 豬 百 態

啾啾

品種：麝香豬

性別：女生

生日：2004年7月3日

家長：豬媽小菁、豬爸昌昌超人

啾啾很喜歡別人誇他很可愛。每次我們出去，他都會緊緊的跟在我們的後面跑，但是只要有路人經過，他就會停下來看看路人，等待著路人說他很可愛，摸摸他的頭，讓一群人圍著他看，然後就跟著人家走了。每次都又生氣又好笑的把他追回來，路人都說：「啾啾不要媽媽了哦！」有時候啾啾會停在路人的面前，看著路人，有些人只是看看他，不誇獎他，也不多看他一眼，啾啾回頭看那個人沒誇獎他，才跑上前追我們。

有一次帶啾去美濃的黃蝶翠谷玩，突然啾跳到很深的水裡，把我們都嚇死了，然後就看到啾在那裡游泳。原來啾啾是一隻會游泳的豬。之後我們帶啾去綠島，啾在海上暈船，一直吱吱叫。當天晚上我們BBQ，啾居然沒醒，睡得可香的呢！真是奇蹟呀！隔天我們帶啾去海邊游泳，啾超會游的，我們把啾抱到水深到膝蓋以上的地方，啾還是自己能游回岸上，真是個游泳健將呀！

Miniature Pet Pig

Chapter 13 豬豬的行為成長

養過小豬的朋友一定已經體會到豬是一種很特別的動物。希望以下的資料讓已經養豬的豬媽豬爸們更進一步的了解自己的愛豬，也讓新手們能更快的與愛豬共處。這個資料是美國養potbellied 寵物豬主人們觀察出來的內容。

出生到六週

從出生到兩個月大左右的幼豬只重視三件事：在豬群裡的地位、生存、吃。

幼豬最好在第六週才斷奶，方法是把豬媽媽帶離開幼豬群。單獨的跟自己的兄弟姊妹在熟悉的環境相處幾天，讓小豬在沒有媽媽的環境下跟幼豬群一起適應新生活。七週大才可離開幼豬群。有統計顯示太早斷奶，或用奶瓶餵食的小豬，在一到兩歲時非常有可能會產生對主人有攻擊性和侵略性的行爲。

小豬的智商是出奇的高。在動物類裡，他的智商是在人類之後的第四順位。中間有靈長類（猿猴類）、海豚、鯨魚。他一出生雙眼就睜開，四腳會站立。他在呼吸第一口氣開始，就開始學習。他有長期的記憶力，所以任何在幼年時造成的心理、生理創傷他都會記得，也會影響他日後的行爲舉止。你在寵物店或與養殖場買小豬時，要觀察他們跟小豬的互動表現，因爲小豬從出生到你家之間的環境、人爲因素等，對他日後的表現有絕對的關係。

第六週到三個月大

這是飼主把小豬帶回家飼養最好的時間。

豬是群居動物。小豬群在一起時會有一個帶頭的「豬老大」，其他的小豬都會跟著老大一起行動。小豬們會跟著豬老大一起吃東西，一起去尿尿。豬老大看東，小豬們也一起向東看。他們會一起玩耍，精力旺盛的小豬們會不厭其煩的玩疊羅漢，在彼此的身上跳過來跳過去。小豬們這個時候會互相依賴得到安全感，也期待豬老大會保護他們。

小豬非常的好奇，對環境裡的任何新事物都非常的有興趣去探索。他們非常聰明，有長期的記憶力，能靠思考解決問題。豬的學習力很強，也能記住一切的事物。被領養後的小豬會找一個可以替代他小豬伙伴的，又能讓他

依賴和帶給他安全感的「豬老大」，彌補他離開同類的心情。這時小豬會把他的人類家人當成新的豬群及「豬老大」，所以新豬媽豬爸們在這個時候要給小豬寶寶時間、耐心、愛心和適當的管教，讓小豬能順利的、快樂的成爲家裡的一份子。

三個月到一歲（青少年期）

大部分的豬都很樂意去取悅主人，他們期待主人給他們愛和讚美的反應就像小孩子一樣。豬有相當於3～5歲兒童的智商，有快速的學習能力和好奇心。

群居的豬有地位之分，所以豬豬會不時的挑戰其他的同伴，家裡養豬的主人這時就會成爲他挑戰的對象。這個年齡的豬會開始發明一些自己的遊戲，開始試探自己的勢力範圍，甚至挑戰主人，期待自己能成爲豬老大。他們也會開始有「選擇性的聽力」，期待能我行我素的當豬老大。這就是帶有反叛性的青少年期的豬。在這段期間對豬豬的各種訓練及學習，是教導他服從的好時機。每一天有固定的時間訓練小豬，就是教導小豬要服從他的「豬老大」。有持續性的教育就能在這段期間和豬豬和平相處。在這段期間裡有很多豬主人不明白這一點，認爲小豬的個性大變而將他棄養，這會對小豬造成很大的創傷。這段期間對小豬的各種訓練，對日後年長的豬與家人們互動、相處是很重要的。所以對豬豬多一點耐心，豬豬會很快的長大，脫離這個反叛期。

一歲到五歲（成年期）

此時豬豬由青少年期轉到成年期。

大部分的飼主在這段時間發現豬豬變成了很配合的家庭成員，年長的豬也明白主人們對他們的期待，不像之前所需要那麼多的監督和管教。飼主早期給的教養和訓練都會在這個時候得到收穫。

豬豬喜歡每一天有固定的作息，讓他知道可以期待到什麼。越年長的豬隻越需要穩定的生活規律，固定的飲食時間、戶外活動、與家人的互動和訓練，都是必需的。每當你教豬豬新的動作，或與家人互動的方式，要有耐心和愛心。一小步、一小步的教豬豬，盡量不要讓他感覺到有壓力，大家才不會有挫折感。用愛心教導遠遠勝過打和罵。對豬豬的要求也不可以鬆懈，你一懈怠了，豬豬就會偷工減料，然後得寸進尺。別忘了，他想當「豬老大」及主導自己的一切需求。當主人的你要時時提醒、教導豬豬，他的人類家人都是他必須服從的對象。有些小豬因爲提早斷奶，不知道自己與主人是不一樣的，會對主人或其他人類有攻擊性的行爲，這段期間就絕對不可以懈怠對豬豬的要求。當豬豬開始我行我素不聽話，就是問題的開始！

豬豬如果生活的環境都沒有變化，他很快的就會感到無聊。他一無聊就會開始製造問題，發明新的遊戲來擾亂主人的生活，引起主人的注意。要避免豬豬因無聊而使壞，就要讓他有多一點的生活體驗、不同的玩具、有變化的活動。讓豬豬有一些戶外的自由時間，讓他依著本能在草地上拱土、吃草、覓食、玩樂。這也是教豬豬耍把戲的時機。

豬豬學習力很強、很快，新的把戲讓豬豬有新鮮感，對豬豬來說是遊戲，也是和家人娛樂和互動的機會。如果因為工作而經常讓豬豬自己獨處，也要提供玩具讓他消磨時間。玩具要常常更換，並不時的給一點新鮮事物的刺激。一個有多采多姿的生活經驗的豬，會是一個很棒的寵物伙伴。

五歲以上

這時的豬豬會開始比較懶散，他的飲食需求也要跟著改變。

他不再像年幼時需要那麼大量的食物，也開始容易發胖，及引發肥胖所帶來的疾病。有時必須要強迫豬豬多運動，必要時要多帶豬豬出去走路，多練習學過的把戲及學習新的把戲。飼主要給豬豬固定的運動時間，才能讓豬豬喜歡多活動。多替換玩具也能刺激他的思考，讓豬豬有多一點的活力。

隨著豬豬年齡的成長，要隨時觀察豬豬的飲食習慣及健康。年老的疾病像關節退化、關節炎會在這個時候產生。注意豬豬的食量和活動量也能盡早發現健康問題。讓豬豬保持健康及適當的飲食，豬豬可以有十到十五年的壽命。

行爲Q&A

Q1：豬豬的聽覺、視覺和嗅覺如何？

A1：聽覺：豬豬有不錯的聽覺，但他必須要轉頭才能知道聲音是哪裡來的。聽覺也是豬自我防禦的主要方法之一，因此豬豬對突然發出的聲響、大的聲音及特殊的聲音有恐懼感。當他們聽到特別的聲響，或不知道從何處發出的，他們會僵住不動，也停止呼吸，直到他們發現聲音的來源。另外有一些飼主也會發現豬豬有「選擇性聽力」，有時叫他他都不理會，但當飼主在遠處替他準備吃的他就具有千里耳的能力，開始呼叫，迫不及待的等著吃。

視覺：豬豬一般來說視力不是太好，有一些專業人士認爲豬有近視眼。豬的眼睛長在頭的兩側，所以他們可以用單眼看東西。對顏色的分辨也不靈光，太相近的顏色他們分辨不出來。舉個例子，一隻豬豬在綠色的草地上吃草，如果你全身穿藍色的衣服朝他走，他會在你很靠近時才發現你「突然」出現而嚇一跳。這就是豬隻很容易受驚嚇的原因之一。

嗅覺：豬有非常靈敏的嗅覺。他們的鼻子能自由的活動，同時也用鼻子挖土、拱土。他們能分辨不同的味道，不論在土裡、在食物裡或在空氣中，甚至有豬隻被訓練成專門搜尋毒品的警豬呢！

Q2：為什麼小豬都不喜歡被抱，一抱起來就會沒命似的用「殺豬的」聲音大叫？

A2：對豬來說，被抱起來或被摸頭都需要去學習的。豬媽不像貓狗的媽媽會用嘴把baby叼起來，這一點是豬跟貓狗非常不同的地方。在豬的本能裡，被叼起來或由後面被抓起來，就是被其他動物獵食。豬要四腳著地才有安全感。當小豬感到不安，或被限制行動，都會尖叫，因此在教導上需要較多的適應。剛開始抱小豬最好坐在地上抱：第一，小豬離地不遠，比較不會害怕；第二，小豬如果掙扎而不小心沒抱好，讓小豬跳出去，也不會有危險。剛開始時，每一次抱小豬的時間不要長，一分鐘，甚至幾秒就放他下去，讓他學會被

抱起來後，還會被放下去，是很安全的。有的時候在練習時也可以抱起來後給他一點食物的獎賞，讓他知道被抱起來有好康的。小豬的弱點是食物，一有吃的就會忘記害怕的。

Q3：豬豬為什麼一直用鼻子頂人、頂東西？

A3：豬豬用鼻子頂，又叫拱。拱土，用鼻子挖土覓食是豬的本能之一。寵物豬不需要覓食，但是也不能不讓他發揮本能，不然豬豬會發明其他的遊戲讓飼主頭痛。小豬很好奇，對周遭的環境裡的新事物都會感到有趣，會用鼻子聞聞、頂頂、咬咬，看看會怎樣。要不然當主人接近他或抱他時也會頂主人，看討不討得到食物，所以飼主可以找替代品給他頂。在小豬的窩窩裡放一些毛巾、舊衣服、小被子、小枕頭等，他會花很多時間給自己鋪床。同時也要教豬豬不可以頂人，不然豬主人們就準備每天都青一塊、紫一塊，因為小豬的力氣很大，讓他頂人頂慣了，等小豬長大了可就有你受的了。

Q4：豬豬會到處磨自己的背、屁股，要不然會像狗一樣用腳抓自己的身體，是為什麼？

A4：豬的皮膚本身就很乾燥，所以豬豬會找屋裡的牆角、門檻或家具給自己抓癢。減少豬豬抓癢，第一就是讓他的皮毛保持健康。洗完澡後可以用一點乳液給他擦。每天給豬豬刷刷毛，幫他刷掉那些乾乾死皮，小豬會覺得很舒服的。小豬沒有汗腺，所以不要給他擦油類的東西，反而會讓他沾上髒的東西引發皮膚的疾病。每天跟小豬相處時，也可以給豬豬按摩。小豬很喜歡讓人給他按摩，當你輕輕的給他抓抓癢、摳摳皮膚，摸對地方了小豬會不支倒地，乖乖的側躺著讓你給他好好的爽一下，這是察看豬豬皮毛狀況的好時機。讓小豬的生活環境保持清潔、乾燥，才能避免有一些皮膚的毛病產生。

Q5：有哪些是適合豬豬玩的遊戲或玩具？

A5：沒有人在家時，就要給豬豬一些可以消磨時間又讓他覺得有趣的事情，不然他就會去玩你不希望被他破壞的東西。豬豬非常的好奇，所以當你不在家時就要限制他的活動空間，同時又能提供他消磨時間的娛樂。有一些兒童的安全護欄或寵物的護欄，都可以用來限制豬豬的活動範圍。但不要忽略他力大無比的鼻子，所以買護欄最好是找可以用螺絲拴固定的，不然不用很久，豬豬就會發現可以把整個護欄推開。曾經在網路上有人說豬豬會趁大人們不在家時自己會翻箱倒櫃，爬上爬下，甚至開冰箱找東西吃喔！給豬豬找玩具消磨時間，可以參考一歲半以下嬰孩的玩具，塡充娃娃、會發聲音的東西、大大小小的球等。當然，豬豬也會花時間把報紙、紙張或盒子撕成小碎片，注意不要讓豬豬吃了有危險的東西。準備一些小毛巾、被子、枕頭也能讓他「頂」好一陣子。重點是這個高智商的小傢伙需要你常常變化他的玩具，所以多找幾種東西，但不要一次全給他玩，常常變化組合，讓他有新鮮感。提供一點音樂或把收音機開給他聽也是不錯的點子。讓他有東西忙，他就不會自己去找壞事做。

Q6：為什麼我家的豬豬會咬客人？

A6：通常寵物在家裡，對外來的陌生人有攻擊性的行爲，大家會認爲類似狗在保護地盤。豬豬的行爲也很像，但豬豬實際上是在挑戰「新來的」，是下馬威，要新來的服從他。所以身爲「豬老大」的你，要讓豬豬有許多不同的經驗，常常外出，接觸新的事物，呼吸新鮮的空氣。每天要固定跟豬豬互動，豬豬才會維持好心情。

Q7：為什麼我家的豬豬有攻擊家人的行為？

A7：這也是豬豬挑戰自己地位，希望能把地位提高。所以豬豬一有這一類的行爲，就一定要嚴加管教。如果放著不理，以後他會以爲地位高了，做出更嚴重的攻擊或破壞。只要好好的跟豬豬相處、互動，讓豬豬維持服從你和你的家人，認他的人類伙伴都是他的「豬老大」，就不會是一個大問題。

Q8：家裡有年幼的兒童適不適合養豬？

A8：只要豬豬有一些基本的訓練，多半是沒有關係的。但豬豬會不時的挑戰自己的地位，所以也要教導兒童如何與豬豬相處。年幼的兒童也不鼓勵用手直接餵東西給豬豬吃，恐怕豬豬會反過來咬人，只爲了再多要一點吃的。基本上，小豬和兒童在一起玩還是要有大人在旁監督，以防萬一。

豬豬百態

麥麥

品種：黃金豬
性別：男生
生日：2003年12月
家長：豬媽蘇懿禎

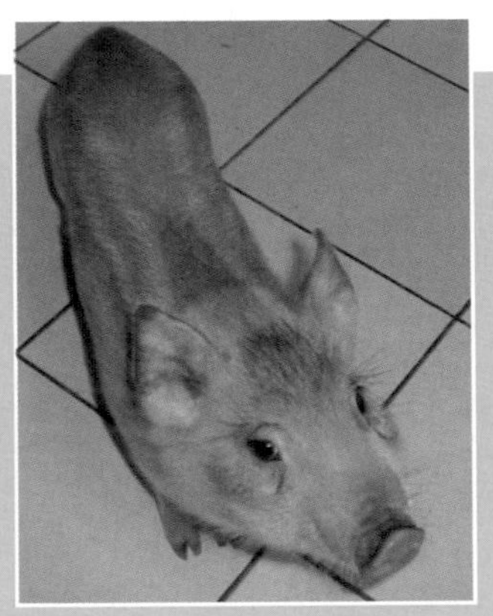

我家麥麥已經一歲大了，平常都餵他土司和水果。不時還偷吃我的晚餐或冰箱裡的食物。可能是因為吃太多澱粉類的食物，所以長得很快，小時候才20公分，現在已經暴增到快一公尺了，像隻狗狗一樣。

他力氣很大　每次看到我都會撲上來抱我大腿，還會自己去開冰箱，開水龍頭喝水，翻垃圾桶。最大的絕活是把能放到嘴裡的東西都咬得爛巴巴，一個也不放過。令人既讚嘆又無奈呀！

Miniature Pet Pig

Chapter 14 豬豬的教育課程

豬豬開學嘍！

訓練豬豬聽從一些簡單的指令做動作，是越早開始越好。豬豬容易學的動作像「坐下」、「(坐著) 等待」、「過來」等，對豬豬來說都不是「特技」。其實是教豬豬學會「聽」我們給的指令，所以用的字眼和口氣很重要。指令的字眼要一樣，比方說「坐下」或「sit」，也要簡單明瞭。當豬豬完成動作，給他的口頭讚美也很重要。當你說「乖豬豬」(或其他的語句)，你的口氣一定要表現出對他讚美的語調，可以把尾音拉高，而且每次都要相同，豬豬才會認得你說的話。

訓練的三個步驟

1. 給指令。

2. 當豬豬完成指令的口頭誇讚。

3. 然後才給食物獎賞。

注意：當豬豬學會了一個指令，練習很多遍後他會開始耍小聰明，偷工減料，那個時候就不可以給賞，要他完成正確的動作才可以。讓豬豬一步，他以後就會偷工減料的騙東西吃。所以練習的時間不要太長，不同的動作互換著練，不要讓他感到無聊。

每一次上課前先給他一塊「免費」的食物獎賞。讓他嘗嘗一點甜頭，引起他的興趣，他就會努力的為了獎賞而服從你。

豬媽豬爸們，準備好了嗎？

豬豬！上課嚕！

Sit 坐下

讓豬豬背著牆或牆角，避免他倒退著走，讓他沒有去路。

手裡拿一塊獎賞（食物），把食物握在拳頭裡，放在他頭上和鼻子上的位置，讓他聞得到，卻搆不到。

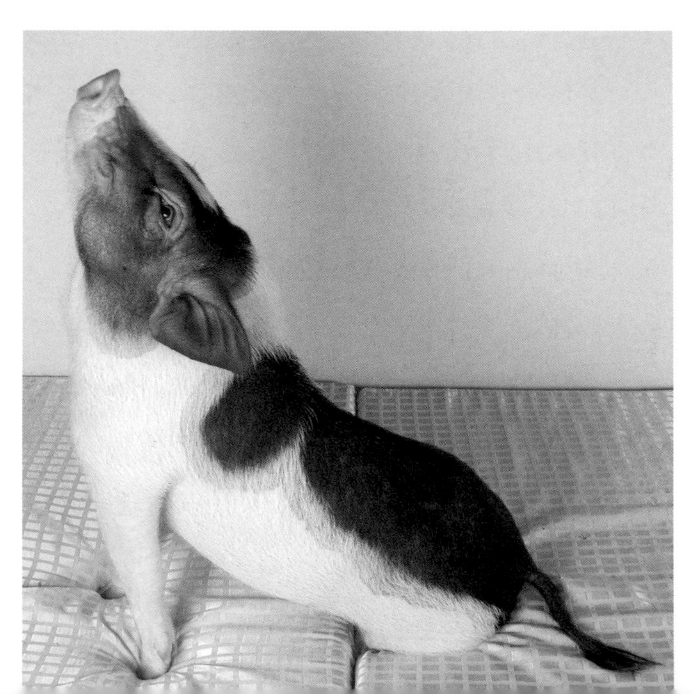

說「坐下」(1.給指令),然後慢慢移動手,讓豬豬仰著頭看你。當他仰著頭時,屁屁會比較低,把有獎的拳頭慢慢往下移動到眼睛的位置,但還是讓他搆不到,然後把手一點點地往後(豬豬的後面)移動。豬豬的下半身應該是蹲著的,當你的手移動到讓他的屁屁碰到地板,就誇獎他(2.口頭誇讚),然後給賞(3.食物獎賞)。

教豬豬坐下時,如果他會撲上來想搶你手上的食物,那你就站著讓他撲不到。不讓他撲上來最好就是在很小的時候開始教,因爲體積小,撲不高!如果他很難搞,那就下課,下次再試。

剛開始讓豬豬仰頭、屁屁往下時,可以重複著說指令。第一次豬豬蹲著或半蹲就可以讚美及給賞。讓豬豬了解你要他做的動作,每天練,豬豬慢慢的就會做出完美的動作的。不要急著第一次就要看到他坐下。每一次上課時間也不用很長,第一天可能只有3~5分鐘,但每天的累積,豬豬會學會的。我的經驗是當他學會了一兩個動作,以後學新的東西就很快了,甚至還自己發明動作表演給你看,希望得到獎賞。固定的上課和教豬豬新的指令或動作會讓豬豬個性溫馴一點,跟主人的互動多豬豬會很好管教,而且讓他有新鮮感,就不會在家裡闖禍了。

當豬豬學會第一課,也知道上課時有特別好吃的東西,豬豬的學習能力會增強,速度也會變快。只要你有耐心,每天練習,豬豬一定會進步的。

通常訓練寵物的人會用簡單的口令,所以我有附上英文的指令。因爲都是一個字,很清楚,豬豬也很好分辨,所以是開始訓練的好方法。誇獎豬豬時也可以用英文「good

piggy（乖豬豬）」，豬豬不乖時也可以用凶凶的口氣說「No（不可以）」，或「bad pig（壞豬）」。但慢慢的當豬豬習慣你講話的聲音及口氣，妳也可以在說口令時中文、英文同時用，豬豬就會開始懂人話喔！

Pinkie 媽有話說

跟豬豬說話，不管是平時或在教育豬豬時都要心口合一。當我在訓練豬豬「坐下」，嘴裡說「坐下」，心裡也想像豬豬在我面前「坐下」的樣子。這樣豬豬似乎比較容易懂我說的話。我要豬豬不要擋路，就會說「走走」，同時想著豬豬走在我面前，豬豬當天就學會了「走走」的口令。

另外，聽說當豬媽媽跟豬baby溝通時是用單音，但當豬豬不乖時，豬媽媽會發出連續的音去訓豬豬，所以叫豬豬時要注意這一點。可以在訓豬豬時，連續的用「No、No、No」或「壞豬豬、壞豬豬、壞豬豬」的罵，但是不要「pinkie, pinkie, pinkie」的連續叫他來玩或給賞，豬豬會弄不清楚，怕自己可能做了錯事。

下面是簡單的形容其他動作的訓練方法，豬媽豬爸們就按你的豬豬的習性，去做適當的調整，也可以用你們的創意來設計訓練豬豬的遊戲。

Stay 等等

這是一個可以由「坐下」衍生的指令。當豬豬學會坐下了後，就可以開始教豬豬坐著等。給豬豬「坐下」的指令，但不要馬上給讚美和獎賞，說「等等」（或等一下），慢慢的（主人）往後移動（離豬豬遠一點），可以重覆「等等」的口令，然後才給賞。慢慢的來，越練離豬豬越遠，或讓豬豬等的時間加長。

Come 來

當豬豬離你有一段距離（下「等等」指令後），叫豬豬的名字，然後說「來」，（主人）邊說邊再往後走，繼續用興奮的口氣說「來」，豬豬有跟來，就給賞。慢慢的練習，慢慢增加距離。記得，不要叫豬豬來，然後罵他，或對他做他不喜歡的事。讓豬豬學到「來」都是好的事情。當豬豬學會了，就可以在給獎賞的方法、獎賞的東西或距離上做一點變化。

Circle 轉圈圈

把獎品（食物）握在手上，固定在豬豬鼻子前上方約5公分的位置，然後說「轉圈圈」，用拿東西的手在豬豬的前上方畫一個圈圈，讓豬豬仰著頭跟著你的手走，當豬豬走滿一圈就給賞。可以教豬豬往左轉及往右轉，也可以要豬豬多轉幾圈作變化。可以配合劃圈圈的手勢，讓豬豬看手勢就會作動作。

Shake hands 握手

你的位置是坐在豬豬前方的地板上，左手上握著獎品，說「握手手」，然後用右手去握著豬豬的右前腳，並試圖把腳抬起來。一開始豬豬會反抗，所以先握著，抬一點點離開地面，就給賞。

因為豬豬要慢慢的學著把身體的重量分配在其他三隻腳上，再把另一隻腳抬起來，所以不能急。每一天多抬高一點點，慢慢的豬豬會在你說「握手手」時，自己把腳抬起來，你再去握住，然後給賞。

●鼻子的把戲

豬豬常常會頂人，所以要找東西讓他頂，不然他就會頂人，而且力大無比，不但會痛還會瘀青。但也可以利用他頂東西的本領，訓練他一些跟用鼻子有關的把戲。豬豬可以學會用鼻子滾球（保齡球、高爾夫球類的遊戲）、關門（推門）、彈玩具鋼琴等。第一個步驟是教豬豬用鼻子「推」或「頂」（push）的指令。用拳頭握住一塊食物，豬豬會頂你的手去試著吃到東西，他邊頂，你就說「頂頂」。當豬豬繼續努力的頂，就誇獎及給賞。當豬豬學會了指令，就可以把食物藏在球下，叫豬豬去頂。一頂，他就吃到賞。繼續放食物，說「頂頂」的指令。也可以用步驟一的方式，把拳頭放在球（或其他可以教豬豬頂的東西）的前面，豬豬靠近來吃東西，就說「頂頂」，豬豬一碰到球就給賞。再說「頂頂」，豬豬碰到球就給賞。很快的，只要豬豬看到球就會去頂，希望得到賞喔！

做錯事的懲罰

豬是很聰明的動物，有長期記憶，一切好與不好的事物他都會記得。我個人不贊成用打的來懲罰他做錯事。豬的弱點是食物！給他吃的當獎勵比用打、用罵還要來的有效喔。

但懲罰也要分輕重。如果你在客廳的茶几上放了一塊吃了一半的麵包，被豬豬發現而且吃了，那是你的錯！你最多只能罵罵他。如果豬豬去亂咬家裡的電線、家具、翻垃圾桶等，爲了讓他學會那是不可以的，就要加重處罰了。幼豬不可以用力的打，怕豬豬會受傷。但長大的豬也別打屁股，不是不行，是沒用。豬皮太厚了，豬豬根本沒感覺。

當豬豬還小做錯事情時，像亂大小便、亂咬東西等，就要罰。可以小小的打屁股加凶凶的罵一罵，然後把豬豬關起來。這時有一個可以鎖的籠子就很好用。把豬豬關禁閉，與家人隔離。打、罵、關，三件事加起來做，讓豬豬學會做錯事的懲罰不好受。幾次後，當豬豬做錯事，只要罵一罵，然後關禁閉，就會有同樣的效果。

當豬豬在青少年的反叛期，可能會當你凶他時他甩頭對你凶回來，甚至企圖咬你，就要小心。可以用反手（手背）打豬豬的鼻子邊（吻部），像打巴掌那樣，用反手你就不容易被他咬到。如果豬豬企圖咬人，就要用這個方法打豬豬，也要罵他，甚至關他。豬豬有的時候從我們的手上吃東西時很急，會不小心的用牙齒刮到我們的手，雖然他不是故意的，但爲了讓他以後小心一點，還是要罰的。

豬豬不乖對你凶時，絕對要馬上糾正。你要讓他明白你才是「豬老大」。你可以站直了，顯示你的身高體積都比他大。然後用你的小腿去推豬豬的肩膀，讓他往後退，甚至絆一跤。這個出乎他意料之外的動作，可以警示豬豬不可以有攻擊性的行爲。豬跟豬在搶地位時就是用鼻子去拱對方的肩膀、肚子的部位，直到一方認輸爲止。當豬豬把身體側一邊，低著頭，用一隻眼睛偷瞄你，大概就是認輸了。青少年期的豬豬會不時的想提升自己的地位，所以這一招非常管用喔。

Pinkie 媽有話說

其實罰豬豬我也很不忍心，但像咬人時就非教不可，所以通常關禁閉都不會太久。如果他沒有在裡面亂叫，只是安安靜靜的，我會在幾分鐘後把他放出來，用平常的聲音跟他說話，跟他玩，給個賞，讓他不會對我有戒心，而學會我是對他的行為不高興。有的時候他不小心咬到我，我會企圖用手背打他及罵他，然後再用和氣的口吻跟他說話、和好。其實我是真的很寵Pinkie，希望能都用「愛的教育」來訓練他。可是有的時候他還是會使壞，讓我哭笑不得。

豬皮真的很厚。我想找一個長長的東西當打豬豬屁屁用的「家法」，就找了一支塑膠的旗竿子（那時選舉剛過，很容易找到小旗竿），拿來打豬豬的屁屁，敲敲他的肚肚，結果就是讓豬豬爽到倒地，要我繼續。

另一次，我媽媽想用我爸的長鞋靶當打豬豬的東西，就拿起來往豬豬的屁屁試打了兩下，結果這個寶貝蛋不但不怕，又「咚」的躺下來，看可不可以多來幾下，舒服得不得了。現在幾乎所有想用來當「家法」的全變成了豬豬「馬殺雞」的道具了。

訓練用的零食

訓練豬豬和引起豬豬服從最大的誘因是食物。所以在訓練的時候可以準備比較特別的東西當獎品。最好選擇豬豬愛吃又方便你取用的，像狗餅乾、蔬菜丁，也可以考慮用水果、爆米花（無添加油、鹽及其他口味的）、麵包丁等。最好和正餐主食有分別，或豬豬特別喜歡的東西，給他留著當訓練時的獎賞。上課的時候不要在豬豬最餓的時候，他會注意力不集中。所以飯後一會兒，或每天撥出一兩個固定的時間給豬豬上課。

要豬豬集中注意力的不二法門是你手上的食物。可以在訓練的時候給他一些特別一點的東西，常常換，讓他有新鮮感。每天在訓練的時候讓他吃特別好吃的東西，因為量不會多，就算放縱一點也無妨，他就會期待上課的。

記得零食的量也要算在豬豬每天飲食的總量裡喔。如果零食吃太多豬豬還是會胖的。

健康低脂高纖餅乾

這是我按國外寵物豬飼主提供的食譜和在台灣比較好買到的材料再改編的。材料越自然越好。（量杯及湯匙是以烘焙專用的爲準。）

材料：1.即溶麥片3～4杯（看攪拌出來的量再做適當的調整）
2.乾果、堅果的高纖早餐麥片（最好是用沒有人工添加物的）1～2杯
3.蘋果汁1又1/2杯（可以用一半蘋果汁、一半水，才不會太甜，或用任何不酸的果汁替代）
4.雞蛋2個
5.橄欖油2湯匙

作法：把所有的東西攪拌均勻，要稠稠的（不要水水的）。在烤盤裡鋪平，壓緊。烤箱預熱180度，烤30～40分鐘，把水分烤乾。放涼了，切成需要的大小。收藏前再讓餅乾多晾乾一點，才不容易壞，但還是趁新鮮趕快吃完。

給豬豬吃的低油無鹽爆米花

材料：1.生玉米粒1/4杯
2.油1湯匙

作法：用一個乾的鍋子，蓋子可以透氣的。在鍋子裡放1/4杯的生玉米粒及一個湯匙的油或少少的油，可以讓每一粒玉米沾到油就夠了。用中火，鍋子要時時的搖晃，或搖圈圈，讓裡面的玉米晃動。等到玉米粒夠熱了，就會開始「劈里啪啦」的爆了。當爆聲變少了，一秒爆一個，就關火。等爆聲停了再打開鍋蓋。

如果買得到爆米花機，就可以不用油。那是用熱氣爆的，對豬豬更好。不要用市售的微波爐式爆米花，那裡面的油及鹽或調味品很多，會讓豬豬發胖。沒加調味的爆米花可以算是一個高纖的健康食品喔。如果是豬媽豬爸自己要吃的話，可以再加一點奶油及鹽，口味會很棒的！

豬 豬 百 態

拉麵

品種：麝香豬
性別：男生
生日：2004年9月22日
家長：豬爸鍾學富、豬媽余育婷

我們家拉麵剛到家時，我覺得他還小（一個月），就先將他放在大的置物箱，一般人都用來放衣服的那種。剛開始他很害怕，一直企圖跳出來，但是跳了幾次都失敗。有一次趁我不注意的時候，他竟成功地跳出來了。原來他利用我給他的舊衣服堆在角落，踩在上面跳出來的，真厲害！他只利用了一天的時間就懂了，實在聰明！

他來我家的第二天，我親眼看到他自己不靠任何工具，竟然自己跳出了置物箱。對於身長只有27公分的拉麵來說，爆發力真是驚人！

Miniature Pet Pig

Chapter 15 豬豬的健康保健

什麼時候該帶豬豬去看獸醫？

天天跟豬豬相處，你應該是豬豬健康的第一防線。你一定要每天觀察豬豬的生活，要知道豬豬的飲食及食慾、豬豬的大小便有沒有正常、有沒有不尋常的行爲、活動量是否有降低、是否懶懶的不愛動……其實有一些些細微的不一樣就要很小心。當一些病情的症狀很明顯時可能豬豬已經病得很嚴重了。

如果觀察出下列的症狀也要趕快帶豬豬去看獸醫：

1.呼吸困難，有明顯的喘氣，呼吸太急促或太慢。豬豬的呼吸正常每分鐘10～20次。

2.心跳脈搏太快或太慢。豬豬的心搏正常每分鐘60～80下。

3.體溫過低或過高。豬豬的體溫正常為38～40℃

4.活動量比平時明顯的低下。

5.持續的嘔吐，尤其是吐出黃色的穢物。

6.24小時以上沒有進食。

7.持續的腹瀉。

8.2～3日以上沒有解大便。

9.長時間的躺臥，而不願起來。

10.無法站立，行走困難，跛腳。

11.腹痛（後腿往內縮，背部弓起來）。

12.大便或小便有血。

13.吃進了有毒的植物或物品。

14.吃進了不能消化的物品。

15.中暑。

16.摔跤，疑似有骨折或脫臼現象。

17.觸電。

18.重大的外傷，流血不止。

19.豬豬不停的抓癢、搖耳朵。

20.皮膚出現紅點、紅斑或腫塊。

寵物豬其實算滿好養的。度過了嬰兒時期，抵抗力強了，就不大會生病。通常聽到的只有拉肚子、皮膚病或感冒。

寵物豬最怕拉肚子。尤其是幼豬，在斷奶後的適應期會有腹瀉的現象。在三個月內吃到比較有酸味的水果，也可能引起腹瀉的問題。只要好好的處理，小豬豬都能平安度過。

另一個比較常見的是皮膚病。台灣地區很潮溼，小豬的皮膚又非常的細嫩，所以把豬豬的窩保持乾淨、乾燥，常常留意豬豬皮膚表面上的一些狀況，就不難預防。

再來就是季節變換的時候，日夜溫差大，注意給豬豬保暖，以避免感冒。

飛仔哥建議，當你想養寵物豬的時候，一定要請賣豬的寵物店或商人提供獸醫的資料給你，或自己去找對寵物豬有經驗的獸醫師比較好。實在都沒有時，飛仔哥願意義務幫忙。可以在本書最後面的附錄裡找到他的聯絡方法。把豬豬的狀況確實的告訴他，飛仔哥通常會給很有效的建議。

下面列出一些飼養豬時需要了解的豬隻疾病。因為目前沒有針對寵物豬疾病的文獻， 所以收集的大多是專業養豬的疾病資料，給大家參考。

豬隻常見疾病

寄生蟲

豬豬喜歡低著頭在地上舔舔聞聞，看能不能找到東西吃，所以要定期把豬豬的糞便帶給獸醫檢查，檢查是否有寄生蟲。類似貓狗定期的驅蟲也是好方法。一般獸醫會建議一年2～3次，用口服的驅蟲藥物就可以了。

感冒

小豬在天氣變化大的季節裡容易著涼。如果豬豬開始很愛睡覺、沒精神、流鼻涕或有發燒、鼻子很乾、會打寒顫，就要注意了。一般感冒3～7天就會自然好。感冒時要幫豬豬保溫，注意飲食要正常，幫他補充體力，讓感冒自然恢復。最好還是平時就保持豬豬健康，讓他多吃新鮮蔬果、多運動以增加免疫力。

中暑

在炎熱的夏天裡，要避免豬豬長時間在太陽下曝曬。除了皮膚會曬傷，還會中暑。住在戶外的豬豬要有足夠水份能自由攝取。中暑的豬會呼吸困難，或急促，體溫會升高，精神不佳，或脾氣爆躁。天氣熱時要注意豬豬是否在通風良好的地方活動，有沒有乾淨的水可以喝或玩。中了暑的豬豬要移到陰涼的地方，用冷水幫豬豬降體溫，必要時要給虛弱的豬豬補充葡萄糖。膚色淡的豬豬如果在夏天外出時，可以塗抹一點點防曬乳液。

皮膚病

其實豬豬會感染的皮膚病都不算嚴重的。每天給豬豬刷刷毛、搔搔肚子，就可以乘機觀察。如果覺得有一點點紅疹子，可以先試試用硫磺加水（硫磺3：水7），裝在噴瓶裡噴患處。

跳蚤

一般豬豬是不會有跳蚤的。成豬因爲皮膚很厚，跳蚤沒地方躲，但幼豬可能因環境的關係而去感染到。用任何給幼狗或貓劑量的跳蚤藥，並且打掃豬豬的窩窩就可以了。其實發生的機率非常小，就算有，也是短暫的，不必太擔心。

蝨子

蝨子基本上應該跟跳蚤一般，沒辦法躲在豬豬的身上，但它們可能會去找豬皮比較薄、軟的地方，例如耳朵後面、四肢的內側和豬豬的肚皮上。但因爲蝨子會傳染「萊姆症」，所以要注意豬豬在戶外的環境清潔。

蚊子叮

豬豬很討厭被蚊子叮。蚊子也很容易去找到豬豬皮比較薄、軟的地方叮，可以用天然成分的防蚊液給豬豬擦。如果被蚊子叮了，可以用一點點止癢的藥膏幫豬豬擦上。

疥癬

這是一般豬隻常見的疥癬寄生蟲病，是豬與豬之間互相傳染的。一般的症狀就是皮膚會非常的癢，而且豬豬的皮膚會看起來紅紅的帶一點橘色。這些疥癬蟲通常寄生在皮

膚底下，用肉眼是看不到的，但豬豬會覺得很癢，有些時候也會寄生在耳朵裡。疥癬要請獸醫處理，療程要3～4週才能徹底的消除。因爲復發機率高，所以要定期追蹤。一般多在季節交替時發病。

溼疹

這是寵物豬最常見的皮膚病。因爲台灣的氣候比較潮溼，如果常下雨就要注意豬豬的窩窩有沒有保持乾燥。台灣的豬飼養場很少用稻草給豬豬當窩，就是這個原因。如果氣候潮溼，就要把所有的稻草都換掉，不能只在上面鋪一層新的了事。在家裡也一樣，要保持豬豬的窩窩乾淨、乾燥。有太陽的日子把豬豬的被窩拿出去曬曬太陽，一方面乾燥，一方面又有消毒的作用。如果發現豬豬身上起紅疹、水泡或皮膚表皮有鱗片的脫皮現象，可能就是溼疹了。癢度不嚴重，所以容易疏忽而惡化。

黴菌

比溼疹更嚴重，之前溼疹沒有好好處理而變成了黴菌感染。除了要給獸醫處理，也要時時維持豬豬的窩裡乾燥。

食慾不振

一隻無所不用其極、成天騙吃騙喝的豬豬，如果忽然不吃東西，那可能「代誌大條了」。要查一查之前有沒有吃到不該吃的，試圖找出原因，或看看有沒有發燒及其他的症狀，有必要就趕快帶去看獸醫。

消化不良

豬豬吃了發霉變質的東西、餵食過多或不定時定量的飲食，都可能會引起消化不良。這時的豬豬可能有腹痛、腹部按壓有堅硬感、腹部鼓脹、口臭、厭食，有時會嘔吐或呼出帶酸臭味的口氣。嚴重者，要帶給獸醫處理。預防勝於治療，讓豬豬定時定量、吃到新鮮乾淨的食物。有的時候吃得太多了，可以用一些幫助消化的水果給豬豬吃。

豬豬通常是無止境的吃，所以很容易消化不良。豬豬可能會呆呆的、活動力降低、躺在窩窩裡不想動、食慾降低、腹部脹氣等。觀察豬豬一天，有必要的話禁食，只給一些水分，看看有沒有改善。同時，可以給豬豬一點點人用的消脹氣的藥物，並幫豬豬按摩肚肚。如果消脹了，大小便正常了，就可以慢慢復食。如果24小時都沒有改善，或豬豬非常的難過（後腿往前縮，腹部按了豬豬會難過），那還是快看醫生比較妥當。

幼豬腹瀉

幼豬的腹瀉有兩種，通常是剛斷奶後或感冒引起的的腹瀉。在豬豬15～20日齡期間，發生斷奶後的下痢機率最高。因此，多半不建議飼養太過幼齡的小豬。

如果小豬拉肚子了，只要不太嚴重，其他行爲正常，食慾不減，還會吃，就不大要緊。可以在食物裡加一絲絲的止瀉藥（非常的少量，每餐餵一點點），通常一兩天就會完全好了。但小豬在腹瀉時，記得要給他增加養分及保暖。如果豬豬願意吃，可以不時的給一點黑糖加水，類似我們去打葡萄糖一樣補充體力，不要讓豬豬太虛弱。如果豬豬

持續的拉出水水的糞便或不進食，就趕快就醫，最好能帶一些糞便讓獸醫師檢驗。

便祕

正常的是一粒粒的糞便結成條狀，微微潮溼，微軟，不硬。豬豬如果幾天不大便，或排出來的是一粒一粒的小丸子，並需要很用力的大便，一副很困難的樣子，就是便祕的現象。

便祕的原因有幾個，如水分或纖維質攝取不夠、運動量不足，這時需要調整食物、水分的攝取，或增加運動量。有的時候豬豬因爲生病而減少飲食，也會有便祕的現象。

如果豬豬只是排便困難，就是說有排大便，但是呈一粒粒散開狀，量比平常少，或要很用力時，可以試試給豬豬一些蘋果泥或黑棗（加州蜜棗）吃吃看。食物裡的油脂多一點點，也會有軟便的效果。如果豬豬很多天完全沒有大便，不可以用前述的食療法，最好趕快去看獸醫。

中毒

毒素可以由口、皮膚、眼、耳或呼吸進入體內。可能會出現的症狀有嘔吐、呼吸困難、體溫上升、虛弱、腹瀉、失去方向感、出血、痙攣、癲癇、口水過多、虛脫、行動困難、失明、失聰等。如果認爲豬豬有中毒的現象要馬上去看獸醫，並提供豬豬的體重、飲食、大小便的狀況。如果知道豬豬吃到什麼毒素，也要一併把東西帶去讓獸醫知道。帶豬豬去給獸醫看的路上要記得給豬豬保暖。動物的本能很奇妙，豬豬有可能會自行嘔吐，把吃下去的毒素吐出來。如果是沒有經驗的飼主，還是不要試圖的去給豬豬催吐，應交由獸醫處理。

鹽中毒

當豬豬吃了含鹽分之物，而又沒有喝下足夠的水分，就容易引起中毒的現象。通常急性中毒的症狀有口渴、食慾減退、反應遲鈍、肌肉痙攣等症狀。嚴重時，會呼吸困難及死亡。要多注意豬豬飲食裡的鹽分是否過高，或豬豬是否有攝取足夠的水分。

可怕的傳染病

如果居住的地方離任何一種動物養殖場很近，或豬豬會跟其他大量養殖的動物接觸，或與來歷不明的豬豬接觸，最好聯繫相關的防疫單位，讓豬豬注射疫苗。有一些豬豬會因接觸而傳染的疾病，包括一些皮膚病、寄生蟲、腸胃炎及下列的傳染病。目前有幾種特定的豬隻疫苗，可以聯絡各縣市的動植物防疫單位安排給豬豬施打。

豬瘟

這是一個歷史很久，傳染性很高的病毒。豬是唯一會被感染的動物。目前有預防針可以注射。

口蹄疫

豬隻的急性傳染病。症狀在蹄部、鼻子、腹部皮膚起水泡、潰瘍，或發高燒。傳染

迅速，前幾年嚴重的爆發過，牛、羊等偶蹄科的動物都可能傳染。可定期注射疫苗。

豬丹毒

急性的症狀爲皮膚上會出現潰瘍性的斑疹，引發心臟病；慢性的會有關節病變。會引起猝死。定期施打疫苗可以有效的預防。

豬肺炎

是一個急性、感染率很高的肺炎。症狀有乾咳及成長遲緩。用抗生素可以有效治療，也可以注射疫苗。

假性狂犬病

這是由病毒感染豬隻的中樞神經系統所引發的病，有傳染性。症狀有打噴嚏、咳嗽、厭食，嚴重時會痙攣、昏迷及死亡。注射疫苗可以降低感染率。

萎縮性鼻炎

這是由環境或母體傳染的。症狀有打噴嚏、鼻涕多、鼻子萎縮或變形，且比較容易感冒或鼻塞。

病毒性下痢

經由糞便傳入口的傳染性胃腸炎。幼豬的存活率很低，感染後需要保暖，給予充分的水分、電解質、葡萄糖、維他命等，並可以用抗生素藥物治療。

傳染性胃腸炎

是一種急性腸道傳染病。幼豬會嘔吐、嚴重腹瀉，死亡率很高。成豬通常3～10日便會痊癒。

仔豬白痢

這是由大腸桿菌所引發的腹瀉。幼豬下痢，一天數次，糞便爲乳白色、淡黃綠或灰白色，有腥臭味。幼豬感染的死亡率很高；成年的豬隻感染後症狀不明顯，極少死亡。此疾跟一般的幼豬下痢並不一樣。

疫苗施打

目前台灣地區的豬隻有疫苗施打的規範，但對於寵物豬是否需要施打疫苗，則眾說紛紜。有些人建議打；有些人認爲沒有和大量豬隻及其他大量繁殖的動物接觸，感染率低，不必打。故關於這個問題，大家可以先自行判定自家寵物豬的狀況來決定，有需要可以聯絡各縣市的動植物防疫單位。

繁殖生育

想讓自家的豬豬生小baby嗎？

麝香豬一胎平均在3～8隻不等。所以，你必須先確定小豬生出來後有人會認養嗎？母豬在懷孕、生產、哺乳時期要注意飲食、營養及疫苗的注射；新生的baby也有需要打

的疫苗，及維生素、蛋白質上的特殊需求。因此，你還必須確定有時間和空間照顧一隻懷孕的母豬，及一窩新生的豬baby嗎？而目前在台灣很少有爲寵物豬作節育手術的，所以養公豬或養母豬前也要想清楚。

公豬最早在四週齡就會開始有交配的動作出現。長大後，公豬的「爬跨」行爲會更多，分泌物會有滿重的味道，獠牙會長的比較長，有必要時要請獸醫把獠牙鋸短。母豬每21天發情一次，發情時也會有類似「經前症候群」的現象，會鬧情緒、小便次數增多、有的會亂叫、會分泌乳白色的黏液，每次發情約3天左右。

其實，國外的寵物豬一般都在飼養前由養殖場負責作節育手術，尤其是公豬，讓飼養者減少一些不必要的行爲困擾。手術多半在小豬還沒有發情前要完成。節育有利也有弊，節育了就不會有荷爾蒙引起的行爲、衛生及泌尿系統的問題，但豬豬會容易發胖。不過，沒有節育的母豬飼養者通常也沒有很大的抱怨，只要每天固定讓豬豬有一些行爲的訓練，及和主人的交流，有教養的母豬在發情期不會帶來太大的困擾，但年長一點後比較容易發生生殖系統的疾病。如果養寵物豬在台灣要好好的發展下去，提供豬豬安全的節育手術，長遠的看來是有必要的。

到目前爲止，母麝香豬的發情期都比一般的肉豬晚許多。肉豬一般在四到五個月就開始發情，很快就可以開始交配，但母麝香豬到八、九個月都沒有明顯的發情跡象，所以交配年齡比較晚。而且因爲體積的關係，每一胎的數量也比較少。

一般的母豬妊娠期是112～116天，簡單的說，是大約三個月三週零三天。小型豬一般都在8～9月齡起發情兩三次後開始交配。如果決定要讓豬豬生育，一定要找專門飼養寵物豬的人士及獸醫配合，才能確保媽媽和寶寶都健康。懷孕及哺乳中的豬媽媽也有特別的飲食及疫苗注射的需要，決定讓豬豬生baby前，一定要找獸醫問清楚。

豬豬百態

kiki

品種：麝香豬
性別：女生
生日：2004年5月
家長：豬爸Albert
海邊豬聚伙伴：糖糖&丸丸

印象中，kiki剛來時喝奶的傻勁，小小豬鼻卻有超強馬力來頂你，無厘頭式耍寶，突然狂奔（標準動作：助跑&滑倒），學狗吠……kiki的各式模樣歷歷在目。

養豬跟養小孩差不多，只是週期短多了。kiki現在已9個月大，感覺好像接近青春期。雖然沒有發情跡象，但是生長快速，吃的需求也很大，經常處在「我很餓」的狀態。大家都說豬很聰明，我相信，因為他的智慧都用在吃的上面！

Miniature Pet Pig

Chapter 16 豬豬的必備藥箱

在家裡準備一些給豬豬應急的藥品，可以避免豬豬出狀況時手忙腳亂。如果家裡附近有藥局，也可以請教藥師。豬豬跟人類的體質很相似，可以用低劑量的人用藥品來處理一些小問題。如果豬豬非常不舒服或不對勁，就趕快聯絡獸醫師。

◆**溫度計**：成豬體溫通常比人類高一兩度，但當體溫過高，就一定要帶去看獸醫。一般都是量肛溫，如果不會操作可以請教獸醫。

◆**硫磺水（硫磺3：水7）**：這是一個很好用的皮膚病用藥。一般的藥局都有販賣硫磺水，回家加水調好放在噴瓶裡，隨時可以使用。豬豬有一些輕微的皮膚狀況，都可以直接噴。

◆**消炎藥膏**：外傷時的外用藥膏。

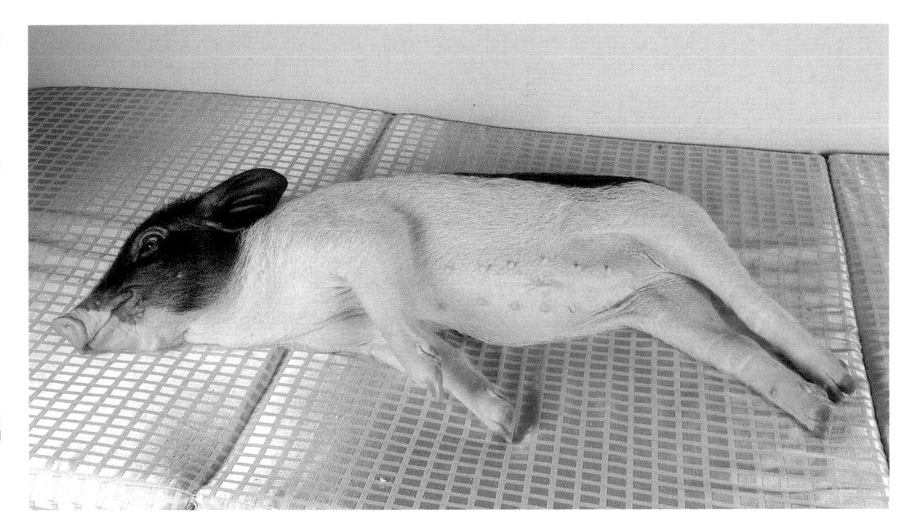

◆**皮膚病藥膏**：非外傷類的皮膚病用藥。

◆**優碘**：外傷用來消毒，防感染，及止痛。

◆**生理食鹽水**：沖洗傷口、清洗眼睛或擦拭用。

◆**包紮及清理傷口用的棉片、繃帶及膠布等。**

◆**止瀉藥**：選擇一般人用或兒童用的，少量的加在豬豬的食物裡給藥。

◆**幫助消化的酵素或消脹氣的藥**：因為豬豬很容易亂吃導致消化不良，可以適量的加在豬豬的食物或水裡給藥。

◆**黑糖或蜂蜜（兒童用的葡萄糖補充液）**：調在水裡讓豬豬喝，當作豬豬生病或虛弱時補充體力用的。

◆**運動飲料（電解質飲料）**：補充水分，幫豬豬吸收水分。

Miniature Pet Pig

Chapter 17 養豬的重點回顧

1. 好好的照顧豬豬，他可以有長達15年的壽命。
2. 豬豬到三歲以前都有可能繼續長大，目前最小的迷你豬平均也都在60公分上下。健康的豬豬是不會在三到五個月就停止生長的。
3. 有一些社區或住宅區及公寓大廈會有養寵物的限制，在養寵物前一定要問清楚。
4. 寵物豬不是商業用豬，不可以任意宰殺，這是違反動物保護法的。迷你豬是寵物，不是食物。
5. 為了不讓豬豬長大而過分的限制飲食，不但沒有用，而且是虐待動物。
6. 太寵豬豬而過分的餵食，會使豬豬過於肥胖，容易引起關節病變，及心血管疾病。
7. 豬豬喜歡戶外活動，如拱土、吃花花草草、曬曬太陽等等。
8. 豬豬非常聰明，有時有點固執，有社會地位性，也很容易被寵壞。
9. 豬豬記憶力好，會記得主人拿食物的地方，而且也會試圖去開冰箱、櫥櫃等，找東西吃。

10.豬豬可以學會用背帶式牽繩，讓主人牽著走。

11.豬豬來到人類的家庭，一切的是非對錯都要教他，他才能融入我們的生活裡。

12.可以訓練豬豬在家裡一個固定的地方上廁所，但豬豬比較喜歡在露天的地方排便。

13.住在室內的豬豬需要每天有機會到戶外走走。

14.就算豬豬一切健康，還是要固定的去獸醫那兒檢查，讓豬豬保持在最佳狀態。

15.家裡有年幼的兒童就不一定適合養豬。豬豬有地位性又會嫉妒，會看兒童個子比較小，而去攻擊並企圖建立自己的地位。

16.家裡有養警犬或獵犬者不適合養豬。豬通常是「被掠食者」，如果家裡的大型狗沒有經過訓練，不容易受主人的指揮，很有可能獸性大發時去攻擊小豬，發生慘劇。

17.豬豬沒有汗腺，所以夏天到戶外一定要讓豬豬有陰涼的地方休息，和乾淨的水可以玩及飲用。

18.豬是一個富有情感及高智慧的動物，容易與人類維繫密切的關係，也有喜怒哀樂。被遺棄會使他受傷、心碎。在養他前一定要想清楚。

19.多讓豬豬見世面可以增加豬豬的膽量。多認識各種人，體驗不同的環境，是豬豬與我們一同生活很重要的一部分，可以增加豬豬的「社會化」。

20.當你為小豬起了一個名字，就等於賦予他一個新生命，他就成為一隻寵物，你就有義務要照顧他。

當你凝視著小豬的眼睛，你會看到他充滿情感的心靈。

Miniature Pet Pig

Chapter 18 畫隻小豬的心理測驗

在一張空白的紙上畫一隻豬，可以花個兩到三分鐘去畫。先把豬畫好……不可以偷看後面的解說唷！

這是測試畫圖者的個性。解釋如右：

如果你畫的豬……

★在紙的上方。表示你是很樂觀、採正面思考的人。

★在紙的中央。表示你是很實際的人。

★在紙的下方。表示你是悲觀主義者，你有一些行為有負面的傾向。

★面朝左面。表示你是相信傳統的人，很有家庭觀念，很友善及富有愛心，而且經常都能記得特別的日子（例如生日、紀念日等）。

★面朝右面。你很有創意和行動力，但你沒有強烈的家庭觀念，記得日期對你來說也有困難。

★面對前方（看著你）。你很直接，喜歡扮演惡魔的代言人，你不躲避或懼怕與人有面對面的衝突和討論。

★有很多細部描繪。你有分析能力，凡事都很小心，很難信任他人。

★細部描繪很少。你很情緒化、很天真，你對周遭的許多細節沒有興趣或不注重，你是一個有冒險精神的人。

★看得到的部分少於四隻腳。你沒有安全感，而且正在經歷一個很大的變化。

★看得到四隻腳。你很穩定、固執，執著於自己的理想。

★大耳朵。耳朵越大你越有意願聆聽，是一個好聽衆；小則反之。

★尾巴長。尾巴越長代表你現在「炒飯」的品質越好；短則反之。

後記

給Pinkie 豬豬的話：

我很愛看書，很愛買書，雖然幻想自己哪天來寫本書，但一直都只是發發白日夢而已。
自從有了妳家裡多了很多笑聲。雖然妳有的時候滿難搞的，但又常常令人開懷大笑。說妳是個畜生，妳的智慧卻可以媲美一個三歲小孩。嫌妳煩，卻又處處爲妳著想：

因爲妳，我犧牲了我的最愛 ～ 賴床。
因爲妳，刮颱風下大雨我還是得出門 ～ 帶妳去便便。
因爲妳，我得常逛超市和大賣場 ～ 爲妳找新鮮又便宜的菜菜。
因爲妳，我多學了很多東西，多看了很多書。
因爲妳，我看到烤乳豬會反胃。
因爲妳，我迷上了動物星球頻道，也開始對所有的動物多了一些關愛。
因爲妳，我結識了許多的新朋友，認識了許多的養豬人家。
因爲妳，我開始了解當母親的辛苦及責任 ～ 養豬跟帶小孩蠻像的。
因爲妳，我看到我以前不認識的自己 ～ 有了更多的耐心、愛心和決心。
爲了妳，也爲了妳的同類 ～ 希望這本書對所有豬爸豬媽們有幫助，讓更多的豬豬有機會成爲健康、幸福、快樂的動物伴侶。
因爲有了妳才能激發出我以爲是我這輩子的 mission impossible ～ 寫書和出書！

在妳滿一歲的這一天，我想說：
『謝謝妳，Pinkie 豬豬！謝謝妳，使我圓了一個夢。』
我會拿部分的版稅，用妳的名義去捐助流浪動物，願牠們的生命能有多一點的愛和溫暖！

愛妳的豬媽～～
2005年2月14於台北椿萱草堂

附錄

●養豬同好家族的網站連結

★Yahoo奇摩家族「麝香豬的養豬人家」
http://tw.club.yahoo.com/clubs/pinkies_pigsty/

★Yahoo奇摩家族「豬豬的窩」
http://tw.club.yahoo.com/clubs/mypigpig/

★Yahoo奇摩家族「豬BaBy成長日誌」
http://tw.club.yahoo.com/clubs/babyyuzuyuzuyuzu/

★飛仔迷你豬
http://home.kimo.com.tw/j029883/pig/

●獸醫資料

★東南家畜醫院
吳錫讚醫師
地址：台北市羅斯福路三段181號
電話：02-23626813

★楊動物醫院
楊靜宇醫師
地址：台北市中山北路六段368號
電話：02-28717261、0932-035130

★來旺動物醫院
楊清容醫師
地址:台北市重慶南路3段50號
電話:02-23051120

★崇安動物醫院
曹國卿醫師
地址：台北市忠孝東路5段435-1號
電話：02-27667217

★博愛家畜醫院
林煒皓醫師
地址：台北市博愛路189號
電話：02-23315594

★台大動物醫院
分內外科醫師輪流排班
地址：台北市基隆路三段153號
電話：02-27396828（總機）

★個人到府服務（預約）
陳醫師
地址：台中大里
電話：0928-319589

★聯合動物醫院
黃明祥醫師
地址：高雄市三民區覺民路74號
電話：07-3963977

★誠宏動物醫院
黃秀蓁醫師
地址：高雄市三民區民族一路300號
電話：07-3841883

●參考書籍

1. The Complete Guide for the Care and Training of Pet Potbellied Pigs. By Kathleen Myers
2. Potbellied Pig—Behavior and Training. By Priscilla Valentine
3. Potbellied Pig Parenting. By Nancy Shepherd
4. Veterinary Management of Miniature Pigs. By Lisle George, DVM. PhD
5. Understanding the Mind of Your Pig. By Valarie V. Tyness, DVM
6. 豬的世界　朱瑞民、李坤雄等著
7. 養豬手冊　劉健民編著

●各縣市動物防疫機關一覽表

單位	電話	地址
基隆市家畜疾病防治所	02-24229600	基隆市仁愛區南榮路393巷22號
台北市動物衛生檢驗所	02-87897158	台北市吳興街600巷109號
台北縣政府動物疾病防治所	02-29596353	板橋市四川路一段157巷2號
宜蘭縣動植物防疫所	03-9602350	宜蘭縣五結鄉成興村利寶路60號
桃園縣動物防疫所	03-33244544	桃園市縣府路57號
新竹縣家畜疾病防治所	03-5519548	新竹縣竹北市縣政五街192號
新竹市政府農林畜牧課	03-5234853	新竹市大同里中正路120號
苗栗縣動物防疫所	037-320049	苗栗市勝利里國福路10號
台中縣家畜疾病防治所	04-5263644	豐原市西安街21之1號
台中市動物防疫所	04-3869420	台中市南屯區萬和路一段二八之一八號
彰化縣動物防疫所	04-7620774	彰化市中央路2號
南投縣家畜疾病防治所	049-2222542	南投市民族路499號
雲林縣家畜疾病防治所	05-5322905	斗六市雲林路二段517號
嘉義縣家畜疾病防治所	05-3620025-7	太保市祥和新村太保一路1號
嘉義市政府農政課	05-2226945	嘉義市中山路160號

台南縣家畜疾病防治所	06-6323039	新營市長榮路一段501號
台南市動物防疫所	06-2130958	台南市忠義路一段87號
高雄縣動物防疫所	07-7450413	鳳山市忠義街166號
高雄市政府建設局家畜衛生檢驗局	07-2237213	高雄市苓雅區憲政路242巷5號
屏東縣家畜疾病防治所	08-7224427	屏東市豐田里民學路58巷23號
台東縣動物防疫所	089-233720~3	台東市中興路二段733號
花蓮縣動物防疫所	038-227431	花蓮市瑞美路5號
澎湖縣家畜疾病防治所	06-9212839	馬公市西文里118之1號
金門縣動植物防疫所	0823-336625	金湖鎮裕民農莊20號
連江縣農業改良場	0836-22347	馬祖南竿鄉清水村101號

感謝名單

★ 飛仔哥 & 豬仔們

★ 宗長深白色、DY & 豬豬Go Go

★ 宗長林小沁 & 豬豬珍妮佛

★ 宗長張祐慈、陳立恆 & 豬豬小ㄍㄨㄥ ㄍㄨㄥ

★ 宗長謝佳儒 & 豬豬布丁

★ 宗長曾英茹 & 豬豬mei mei

★ 宗長劉力綱、徐翠蓮 & 豬豬牛牛

★ 宗長小波（王芷茜） & 豬豬吉利

★ 宗長小菁、昌昌超人 & 豬豬啾啾

★ 宗長蘇懿禎 & 豬豬麥麥

★ 宗長鍾學富、余育婷 & 豬豬拉麵

★ 宗長Albert林& 豬豬kiki

Miniature Pet Pig

我家有隻麝香豬

養豬完全攻略

作　　者：李怡慧

發 行 人：林敬彬
主　　編：楊安瑜
責任編輯：林子尹
美術編輯：廖麗萍
封面設計：廖麗萍
攝　　影：王正毅等

出　　版：大都會文化事業有限公司　行政院新聞局北市業字第89號
發　　行：大都會文化事業有限公司
110臺北市信義區基隆路一段432號4樓之9
讀者服務專線：（02）27235216
讀者服務傳真：（02）27235220
電子郵件信箱：metro@ms21.hinet.net
公司網站：www.metrobook.com.tw
郵政劃撥：14050529　大都會文化事業有限公司
出版日期：2005年3月初版一刷
定　　價：220元
ＩＳＢＮ：986-7651-34-0
書　　號：Pets-007

First published in Taiwan in 2005 by
Metropolitan Culture Enterprise Co., Ltd.
4F-9, Double Hero Bldg., 432, Keelung Rd., Sec. 1, TAIPEI 110, TAIWAN
Tel: +886-2-2723-5216　Fax: +886-2-2723-5220
E-mail: metro@ms21.hinet.net
Website: www.metrobook.com.tw

國家圖書館出版品預行編目資料

我家有隻麝香豬 ： 養豬完全攻略 / 李怡慧著.
— 初版. — 臺北市 ： 大都會文化, 2005[民94]
面 ； 公分
ISBN 986-7651-34-0(平裝)

1. 豬 - 飼養　　2. 豬 - 訓練

437.6　　94002179

廣　告　回　函
北區郵政管理局
登記證北台字第9125號
免　貼　郵　票

大都會文化事業有限公司
讀者服務部　收
110台北市基隆路一段432號4樓之9

寄回這張服務卡（免貼郵票）
您可以：
◎不定期收到最新出版訊息
◎參加各項回饋優惠活動

中央對折線

《我家有隻麝香豬—養豬完全攻略》

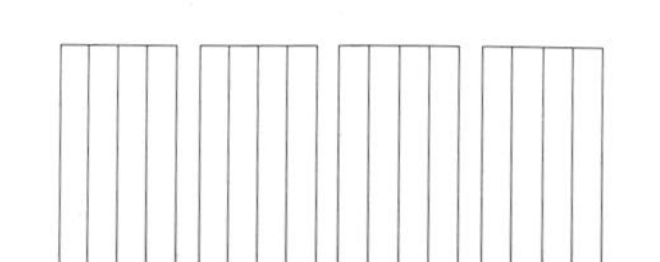

大都會文化 大都會文化 讀者服務卡

書名：**我家有隻麝香豬—養豬完全攻略**

謝謝您選擇了這本書！期待您的支持與建議，讓我們能有更多聯繫與互動的機會。
日後您將可不定期收到本公司的新書資訊及特惠活動訊息。

A.您在何時購得本書：______年______月______日

B.您在何處購得本書：________________書店，位於________（市、縣）

C.您從哪裡得知本書的消息：

1.□書店 2.□報章雜誌 3.□電台活動 4.□網路資訊 5.□書籤宣傳品等 6.□親友介紹 7.□書評 8.□其他

D.您購買本書的動機：（可複選）

1.□對主題或內容感興趣 2.□工作需要 3.□生活需要 4.□自我進修 5.□內容為流行熱門話題 6.□其他

E.您最喜歡本書的：（可複選）

1.□內容題材 2.□字體大小 3.□翻譯文筆 4.□封面 5.□編排方式 6.□其他

F.您認為本書的封面：1.□非常出色 2.□普通 3.□毫不起眼 4.□其他

G.您認為本書的編排：1.□非常出色 2.□普通 3.□毫不起眼 4.□其他

H.您通常以哪些方式購書：（可複選）

1.□逛書店 2.□書展 3.□劃撥郵購 4.□團體訂購 5.□網路購書 6.□其他

I.您希望我們出版哪類書籍：（可複選）

1.□旅遊 2.□流行文化 3.□生活休閒 4.□美容保養 5.□散文小品 6.□科學新知 7.□藝術音樂 8.□致富理財 9.□工商企管 10.□科幻推理 11.□史哲類 12.□勵志傳記 13.□電影小說 14.□語言學習（________語）15.□幽默諧趣 16.□其他

J.您對本書（系）的建議：________________________________

K.您對本出版社的建議：________________________________

讀者小檔案

姓名：__________ 性別：□男 □女 生日：______年______月______日

年齡：1.□20歲以下 2.□21-30歲 3.□31-50歲 4.□51歲以上

職業：1.□學生 2.□軍公教 3.□大眾傳播 4.□服務業 5.□金融業 6.□製造業 7.□資訊業 8.□自由業 9.□家管 10.□退休 11.□其他

學歷：□國小或以下 □國中 □高中／高職 □大學／大專 □研究所以上

通訊地址：________________________________

電話：（H）__________（O）__________ 傳真：__________ 行動電話：__________ E-Mail：______________

◎如果您願意收到本公司最新圖書資訊或電子報，請留下您的E-Mail地址。